ちくま新書

ゲノム編集の光と闇

――人類の未来に何をもたらすか

青野由利
Aono Yuri

1367

ゲノム編集の光と闇

――人類の未来に何をもたらすか

【目次】

はじめに

いつかはこういう時がくるだろう。そうは思っていましたが、まさかこんな形でやってくるとは——

「中国の研究者がゲノム編集した受精卵から双子の女の赤ちゃんを誕生させたと主張している」「改変したのはエイズウイルスの感染に関わる遺伝子だという」

そんなAP通信の特ダネが流れてきたのは2018年11月26日のことでした。この記事を見たとたん、「えっ、まさか」という思いと、「事実かもしれない。そうだとしたら大変なことだ」という思いが交錯しました。

ゲノム編集は2012年ごろから注目を集めるようになった「遺伝子を狙い通りに切り貼りできる技術」です。「ワープロで文章を編集するように、人間の設計図に相当するゲノムを自在に編集する技術」と言ってもいいでしょう。

特に「クリスパー・キャス9」と呼ばれるゲノム編集の分子ツールは、正確で効率がよく、扱いが簡単で、安いという、3拍子も4拍子もそろった技術で、野火のように世界の研究室に広がって行きました。

すでに野菜や家畜、魚の遺伝子改変はこれまでの何倍ものスピードで進み、肉付きのよいマダイや角のない牛、芽に毒素を含まないジャガイモといった「ゲノム編集生物」が生み出されています。「ゲノム編集を使ってマラリアを媒介する蚊を根絶してはどうか」というアイデアも出てきました。体細胞の遺伝子を改変して病気を治そうとする「ゲノム編集治療」の試みも、急速に進もうとしています。

シャーレの中で人間の受精卵をゲノム編集する研究もわずかながら行われてきました。実は、こうした実験を最初に公表したのも中国の別のチームで、議論を巻き起こしました。「病気を根本的に治すことにつながるかもしれない」という期待がある一方で、こうした実験がやがては「人間の改変」や「人間の選別」、さらには「未知の生物の創造」につながるのではないか、という懸念があったからです。

いずれにしても、「そこから人間を生み出すことは許されない（少なくとも現時点では）」というのが世界のコンセンサスでした。なぜなら、生まれてくる子どもにとっての安全性は未知数で、思わぬ障害が現れる恐れが十分にあるからです。しかも、受精卵の遺伝子改変は、そこから生まれる子どもだけでなく、その子どもへと世代を超えて伝わって行くからです。親が望み通りの子どもをもうける「デザイナーベビー」にもつながるかも知れません。

だからこそ、ある日突然「ゲノム編集ベビーを誕生させた」と公表した中国の研究者は「重大な倫理違反」として世界中から批判を浴びたのです。

こんなふうに言うと、「これまでだって遺伝子組み換え技術があったのに、なぜ今ごろ騒ぎに？」と思う人がいるかもしれません。確かに「遺伝子組み換えによる人間の受精卵の改変の是非」についてはこれまでも議論されてきました。でもあえて大胆に言うならば、ゲノム編集と従来の遺伝子組み換えは、似て非なるものなのです。

従来の遺伝子組み換えは効率も精度も悪く、多くの場合に細胞のＤＮＡのランダムな場所でしか作用せず、狙った通りに遺伝子を組み換えることは困難でした。人間の受精卵に意味のある改変を加えることは、原理的に可能だったとしても、事実上は不可能だったのです。

ところが、「クリスパー・キャス９」の登場で状況は変わりました。細胞の中の遺伝子を狙い通りに操作することが、以前に比べてずっと簡単にできるようになりました。その結果、人間の受精卵でさえも、ネズミや家畜の受精卵のように、遺伝子改変の対象と見なす人々が出てきたのです。

「できない時に、やってはいけないというのは簡単だった」

ゲノム編集の人への応用と倫理を議論するために、さまざまな分野の人を集めて2015年12月に米国のワシントンで開かれた初の国際会議で、遺伝カウンセラーが述べたそうです。この一言こそ、まさに現状を言い当てていると感じます。

「ゲノム編集ベビーを誕生させた」という中国の研究者は、APの記事から2日後に香港で開催中の国際会議で自分が関与した実験内容を話しました。皮肉なことに、この会議は2015年にワシントンで開かれた国際会議の第2回に当たるものでした。人を対象とするゲノム編集の科学的進展を評価し、社会的対応について改めて議論しようとした矢先に、この研究者が爆弾を投げたのです。

詳しい話は本文に譲りますが、もちろん、本書が扱うのはゲノム編集ベビーの話だけではありません。

この技術がどのように生まれ、今後どのように使われていくのか。道筋をたどると、さまざまな点で「デジャブ」(既視感)を感じます。私が科学記者になって以来、30年近くフォローしてきた生命科学をめぐるさまざまな技術、あらゆる論争がそこにある、という気さえしてきます。たとえば、思いつくキーワードを挙げるだけでもこんな感じです。

遺伝子組み換え、遺伝子治療、体外受精、着床前診断、クローン技術、ES細胞、iPS細胞、遺伝子ターゲティング、ヒトゲノム計画、異種移植、絶滅動物再生、デザイナーベビー、優生学、エンハンスメント（強化）——

いずれも、ゲノム編集と多かれ少なかれ関係のある技術や倫理的課題です。ですので、本書は「ゲノム編集」という最先端の生命科学技術を紹介するだけでなく、それが拠って立つ「生命科学の歴史と系譜」をも辿ることになります。

2017年にノーベル文学賞を受賞したカズオ・イシグロさんは記念講演の終盤でこう語っています。

「ゲノム編集のような遺伝子技術、人工知能（AI）やロボット工学の発展、これらは私たちにすばらしい利益をもたらすでしょう。その一方で、アパルトヘイトにも似た容赦のない能力主義や、現在のエリートにまで及ぶ大規模な失業を生み出すかもしれません」

AIやロボット工学と並んで、文学者も注目するゲノム編集とはどういう技術なのか。

本書ではまず、序章で「ゲノム編集以前」の遺伝子組み換えについて紹介します。第1

章ではゲノム編集の中でも革命的と言われる「クリスパーの誕生物語」について、第2章で「ゲノム編集ツール」が世界の実験室をどう変えたか、第3章で体細胞を標的とする「ゲノム編集治療」、第4章で衝撃の「ゲノム編集ベビー」も含めた「ヒト受精卵の編集」、第5章で生物の絶滅さえ可能にするかもしれない「遺伝子ドライブ」、第6章でゲノム編集による「絶滅生物の復活」は可能かを紹介し、終章で改めてゲノム編集が提起する生命倫理の課題を考えます。

はじめにお断りしておくと、本書では「ゲノム編集」という言葉以外に、「遺伝子編集」という言葉が使われることもあります。ゲノムはある生物の全遺伝情報、遺伝子はそのうちたんぱく質に翻訳される情報のことで、どちらもその本体はDNAです。ですので、ゲノム編集も遺伝子編集も、基本的には生物のDNAを切り貼りして編集する操作だと思って読んでいただければと思います。

また、本文では基本的に「敬称略」とさせていただくことをお断りして、話を始めたいと思います。

序章

遺伝子組み換えの夜明け

†1975年、アシロマへの招待

時は1974年に遡る。九州大学医学部に在籍する松原謙一の元に米国スタンフォード大学の生化学者ポール・バーグから電話がかかってきた。後にノーベル化学賞を受賞する分子生物学の専門家だ。

「遺伝子組み換えを議論する国際会議を開くことにした。くるかい？」

松原は日本の分子生物学研究の草分けの一人で、1990年代には人間の全遺伝情報を解読するヒトゲノム計画に深く関わっていく人物である。東京大学で化学の博士号を取得した後、九州大学に着任、67年から68年にかけて米国西海岸の名門スタンフォード大学でDNAの研究をしていた。その時に知り合ったのがバーグだ。

バーグが声をかけてきた国際会議は、米カリフォルニア州のアシロマで開かれたため、後に「アシロマ会議」と呼ばれるようになる。学問の自由にこだわる科学者自らが、最先端の技術を初めて自主規制した出来事として、今も語り継がれる歴史的な会議である。

2015年末にワシントンで開催されたゲノム編集の倫理を話し合う国際会議が「ゲノム編集のアシロマ会議」と呼ばれるのはそのためだが、ここでは、元祖「アシロマ会議」に至る経緯から話を始めることにしたい。

†世界初「遺伝子組み換え」論文

この電話を遡ること2年前、松原はある論文を見てはっとした。著者はバーグら3人。試験管の中でサルに感染する動物ウイルスのDNAと大腸菌に感染するウイルスのDNAを結合させ、「DNAの組み換えができた」という内容だった。実は、これが世界初の「遺伝子組み換え」の論文で、1980年にバーグにノーベル化学賞をもたらすことになる。

松原がはっとしたのは、バーグが使った大腸菌ウイルスのDNAが松原自身の発見したものだったからだ。このDNAは「プラスミド」と呼ばれる性質も持っていた。プラスミドとは、主として細菌の細胞の中にあって、細菌自身の遺伝子とは独立に自己増殖する小さなDNAのことだ。細菌同士の間でプラスミドを受け渡すことで、薬に対する抵抗性など別の性質を細菌に付け加えることもある。大腸菌のプラスミドは小さな環状のＤＮＡで、後に遺伝子組み換えに欠かせない道具になっていく（図0-1）。

バーグの実験を要約すれば、動物ウイルスと大腸菌のウイルスという別種のＤＮＡ同士を結合し、試験管内で人工の雑種ＤＮＡを作った、ということになる。

今でこそ当たり前のように思えるが、こうした人工組み換えＤＮＡを作ったのはこれが初めてだった。

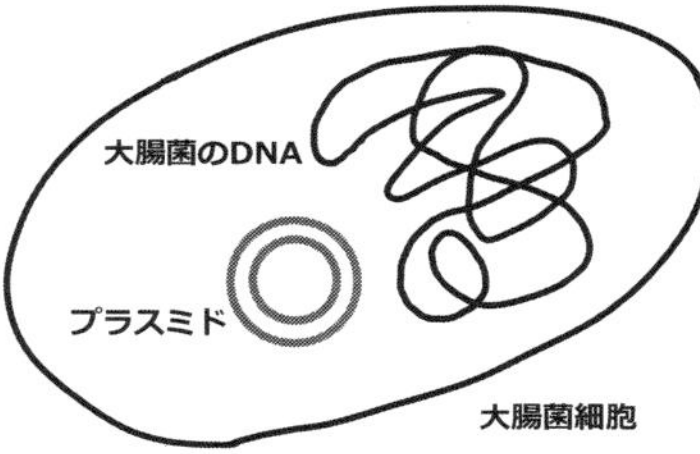

図0-1：大腸菌のDNAとプラスミド

†DNA、RNA、染色体、遺伝子、ゲノム

ここで、ＤＮＡや遺伝子、ゲノムについておさらいをしておきたい。

人間にせよ大腸菌にせよ、その体を構成しているのは細胞である。大腸菌はたった1つの細胞から、人間は何十兆個もの細胞からできているという違いはあるにせよ、その細胞のひとつひとつに、人間を人間に、大腸菌を大腸菌に形作るための遺伝情報が詰め込まれている。

オーストリアの修道僧メンデルは19世紀に、有名なエンドウ

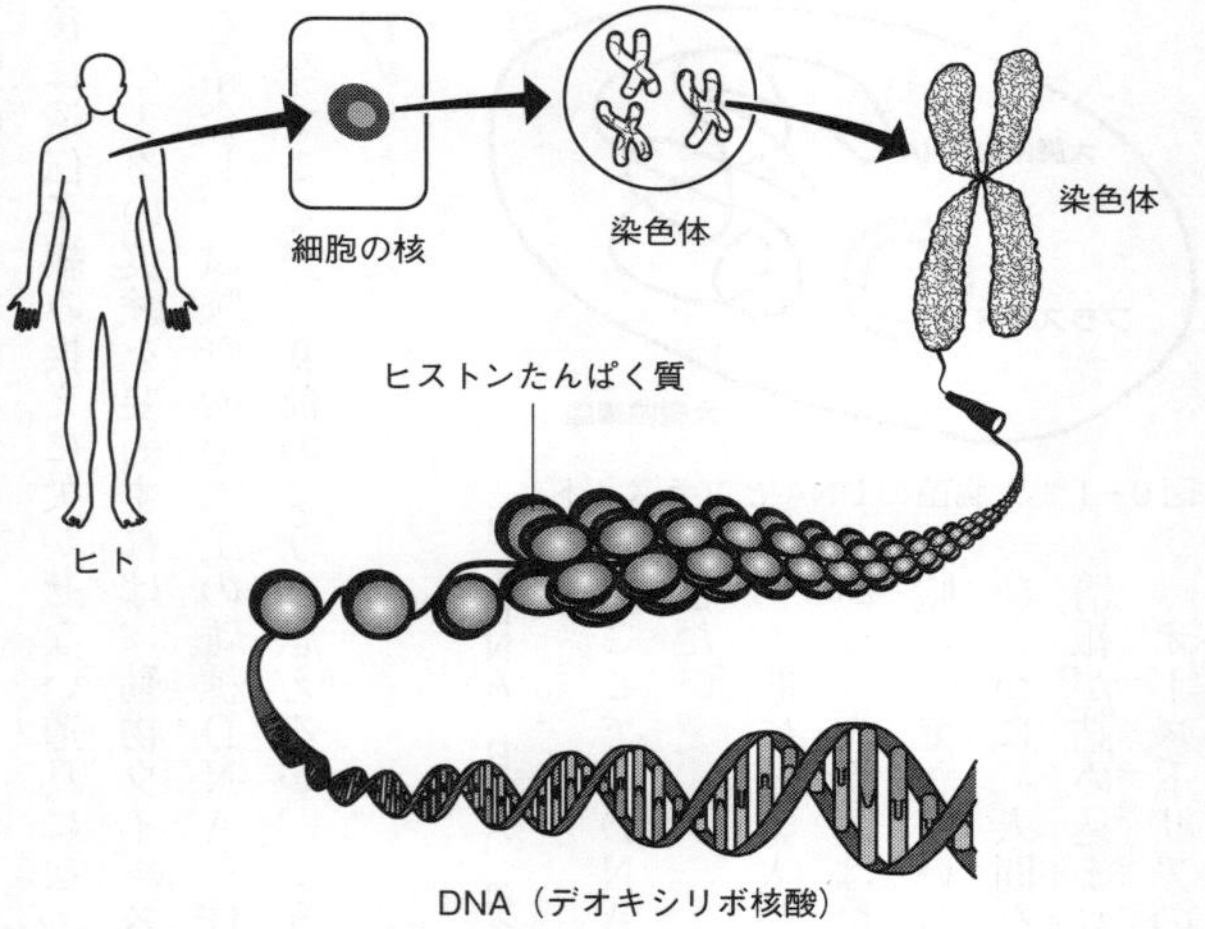

図０－２：染色体とDNAの関係

マメの実験で、植物にはタネの形やサヤの色を決める遺伝の単位があることを示したが、残念ながら当時はほとんど信じてもらえなかった。

この遺伝の単位が遺伝子で、その本体がＤＮＡであることがわかったのは20世紀半ばになってからだ。

現在では、生物の遺伝情報を担っているのはＤＮＡ（デオキシリボ核酸）と呼ばれる分子であることがわかっている。延ばすと全長２メートルにもなるＤＮＡが、ヒストンという物質に巻き付いた形で細胞の中に畳み込まれ、染色体を形作っている（図０-２）。

１９５３年、ジェームズ・ワトソンとフランシス・クリックが、ＤＮＡは二重らせん構造をしていることを突き止め、分子生物学が幕を開けた。遺伝情報を担う実体が、DNAの二重鎖に並んでいる核酸塩基という分子であることもわかった。

DNAの核酸塩基はA（アデニン）、T（チミン）、G（グアニン）、C（シトシン）の4種類で、「AGT」「CGA」といった塩基3つの並びが1つのアミノ酸を指定する遺伝暗号となっている。アミノ酸が連なったものがたんぱく質で、私たちの生命維持に欠かせない物質だ。体の構造を作り、酵素として体内のさまざまな反応をコントロールしている。「遺伝子」とは、たんぱく質作りを指令するひとまとまりの遺伝暗号をいう。髪の毛の色や肌の色、血液型、ある病気へのかかりやすさまで、遺伝子が左右している。

DNAの遺伝情報には「自分をコピーする自己複製」の流れと、「遺伝暗号をたんぱく質に翻訳する」流れの2つがある。

自分をコピーする際には、二重鎖がほどけて2本の一本鎖になり、それぞれの鎖を鋳型《いがた》にして二重鎖のDNAが2本作られる。二重らせんを成すDNA同士の間では、塩基のAとT、GとCがペアを成してゆるやかに結合する性質があるので、二重鎖がほどけても、これを手がかりに複製することができる。分裂した細胞が持つ遺伝情報がそれぞれ等しいのは、このようにDNAがコピーされるからだ。

たんぱく質に翻訳される場合には、DNA上に並ぶ塩基配列が、まず一本鎖のメッセンジャーRNA（mRNA）に写し取られる。次にこの遺伝暗号の写しに応じてトランスファーRNA（tRNA）がアミノ酸を運んでくる。これが連なってたんぱく質になる、という流れだ（図0-3）。

では、ゲノム編集のゲノム（genome）とは何か。これは、遺伝子（gene）と染色体（chromosome）を合わせた造語で、簡単に言えば、ある生物をその生物とするために必要な一揃いの遺伝情報のことをいう。

ゲノムはドイツ語読みで、英語では「ジノーム」という発音に近い。DNAや遺伝子に比べなかなか一般に浸透しない言葉だが、「それは、ゲで始まる語感が悪いから」という見方を聞いた時にはなるほどと思ったものだ。

それはともかく、私たちの体の細胞の核の中には同じ役目を持つ染色体が2セットずつ入っている。ご存じのように、1セットを母親から、もう1セットを父親から受け継ぐためで、対になった染色体を「相同染色体」と呼ぶ。

例外は卵子や精子で、染色体は1セットしか入っていない。体細胞の2セットの染色体は、常染色体と呼ばれる22対（44本）の染色体と2本の性染色体で構成され、性染色体がXXなら女性、XYなら男性だ（例外もある）。

人間の全遺伝情報は染色体1セットが担う遺伝情報に相当する。したがって、ヒトゲノ

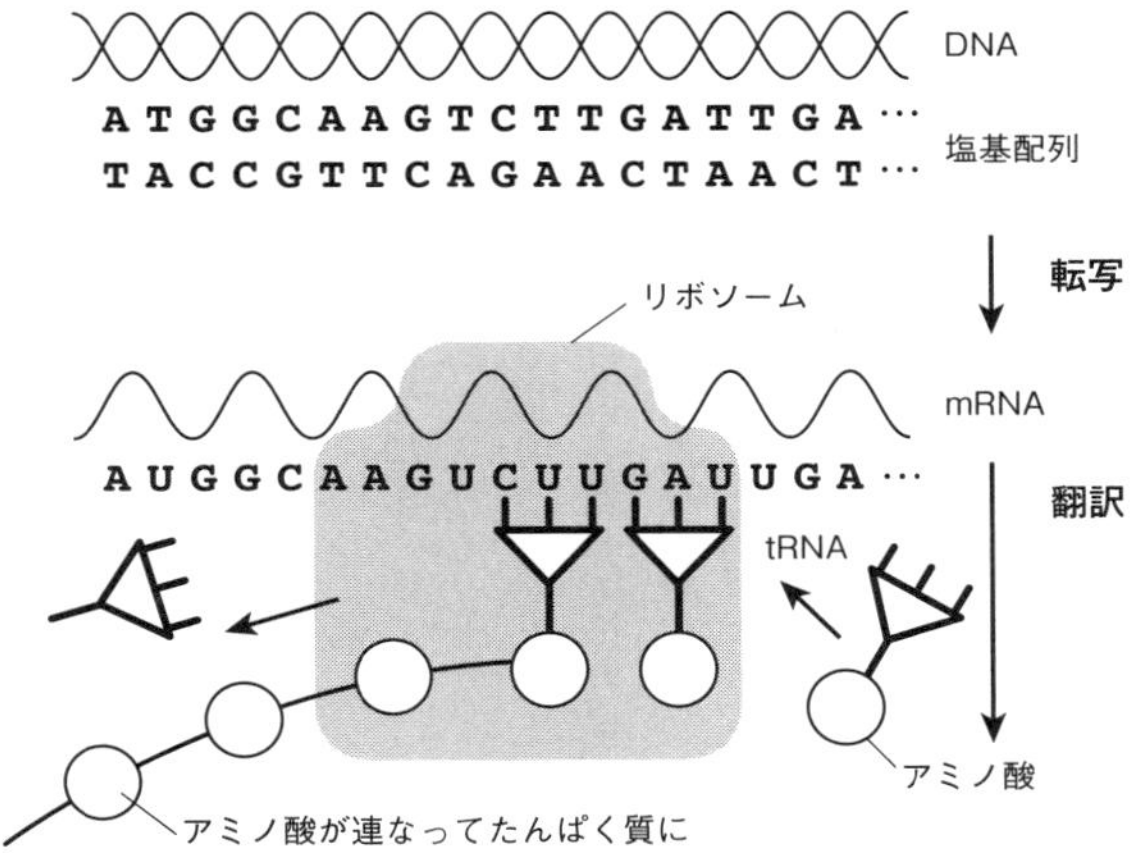

図 0－3：DNA の塩基配列と mRNA、tRNA を介した転写と翻訳の概念図

ムは22種類の常染色体と2種類の性染色体で構成されているということになる。その本体はＤＮＡだ。

１９９０年代に始まった「ヒトゲノム計画」は２００３年に完了し、ヒトゲノムの全塩基配列、すなわちＧＡＡＴＴＣ……といった全文字列がほぼ解読された。この時、日本のプロジェクトの代表だった榊佳之が当時の首相の小泉純一郎に24枚のＣＤ－ＲＯＭを手渡している。染色体1種類につき1枚で全24枚、これがヒトゲノムの全遺伝情報というわけだ。

ヒトゲノムの全塩基数は約30億（ちなみに大腸菌は４６０万ぐらい）。遺伝子数は約２万個（大腸菌は約４４００個）と考えられている。前述したように、遺伝子と言った場合には、細胞内でたんぱく質に翻訳されたり、翻訳の調節を担ったりするDNAを指す。遺伝子はゲノム全体の数パーセントに過ぎないこともわかっている。

そして、ある生物のゲノムも遺伝子も、長い進化を経たそれぞれの生物に固有のもので、種が違えば普通は互いに組み換わることはないし、人工的に組み換えることも難しい、というのがかつての常識だった。

†動物の遺伝子を大腸菌で増やす

ここでバーグの遺伝子組み換えに話を戻したい。バーグの論文を見た当時、すでに帰国し九州大学医学部に在籍していた松原は「この方法を使って動物の遺伝子をプラスミドに組み込み、大腸菌に入れてやれば、大腸菌の中で動物の遺伝子を増やせるはずだ」と直感した。そうすれば、遺伝子の産物であるたんぱく質を大腸菌に作らせることもできるだろう。

バーグの論文を手に、研究室の教授のところに駆け込んだ松原はこんな会話を交わした。

「ここにインシュリン遺伝子をつないだら、大腸菌でインシュリンができるはずですね」

「そうそう、すごいね、やりたいね」。

もちろん、そうした遺伝子組み換えの応用を考えたのは松原だけではない。そもそもバーグの実験の目的は、松原の発想とは逆に、動物のウイルスにさまざまな遺伝子をつないで動物の細胞に導入することだった。そうすることで、狙った遺伝子の働きを調べられるのではないかと考えたのだ。

†「プラスミド屋」コーエン、「ハサミ」を持つボイヤー

そしてもう一組、遺伝子組み換えの応用を進めたチームが米国にいた。スタンフォード大学医学部のスタンリー・コーエンとカリフォルニア大学サンフランシスコ校のハーバート・ボイヤーの二人組だ。

彼らは、1973年に2種類のプラスミドを連結し大腸菌に導入したという論文を発表。1974年には、両生類であるツメガエルのDNAをプラスミドに入れ、この組み換えプラスミドを細菌の中で複製することに成功したと発表した。種の壁を超えて組み換えた遺伝子を複製・増殖できることを示したわけだ。

振り返ってみれば、この二人はまさにゴールデンコンビだった。

ボイヤーは1968年、遺伝子組み換えに欠かせない「制限酵素」EcoRI（エコアールワン）を発見した人物である。制限酵素とは、DNAの4〜8塩基程度の配列を認識し、その位置で切断する「ハサミ」の役割を持つ酵素だ。その後、制限酵素で切ったDN

A同士をつなぎ合わせる「のり」の役目を持つDNAリガーゼも発見された。

一方のコーエンはプラスミドの専門家で、1972年、外来のプラスミドを大腸菌に入れると、その大腸菌の性質が変わることを示していた。

遺伝子組み換えの「ハサミ」を持つボイヤーと、「プラスミド屋」のコーエンの二人は、ハワイで開かれた学会で出会う。学会の合間にデリでビールを飲みながら紙ナプキンにアイデアを書き合ったところから、プラスミドを使った汎用性《はんようせい》のある「組み換えDNA技術」が確立することになったのだ。

大腸菌から取り出したプラスミドと複製したいDNAを、同じ制限酵素（ハサミ）で切る。これらをDNAリガーゼ（のり）で連結し、大腸菌に戻せば、大腸菌が増殖するのに合わせて複製したいDNAもどんどん増やすことができる（図0-4）。

コーエンとボイヤーが開発したこの技術は、遺伝子組み換えの基本特許につながり、スタンフォード大学に多額の利益をもたらすことになる。生命科学の知的財産が語られる時に、必ず引き合いに出される科学史の一幕だ。

†「我々はどんなDNAも組み換えられるようになった」

バーグやコーエン＆ボイヤーによるまったく新しい技術の開発が期待される一方で、こ

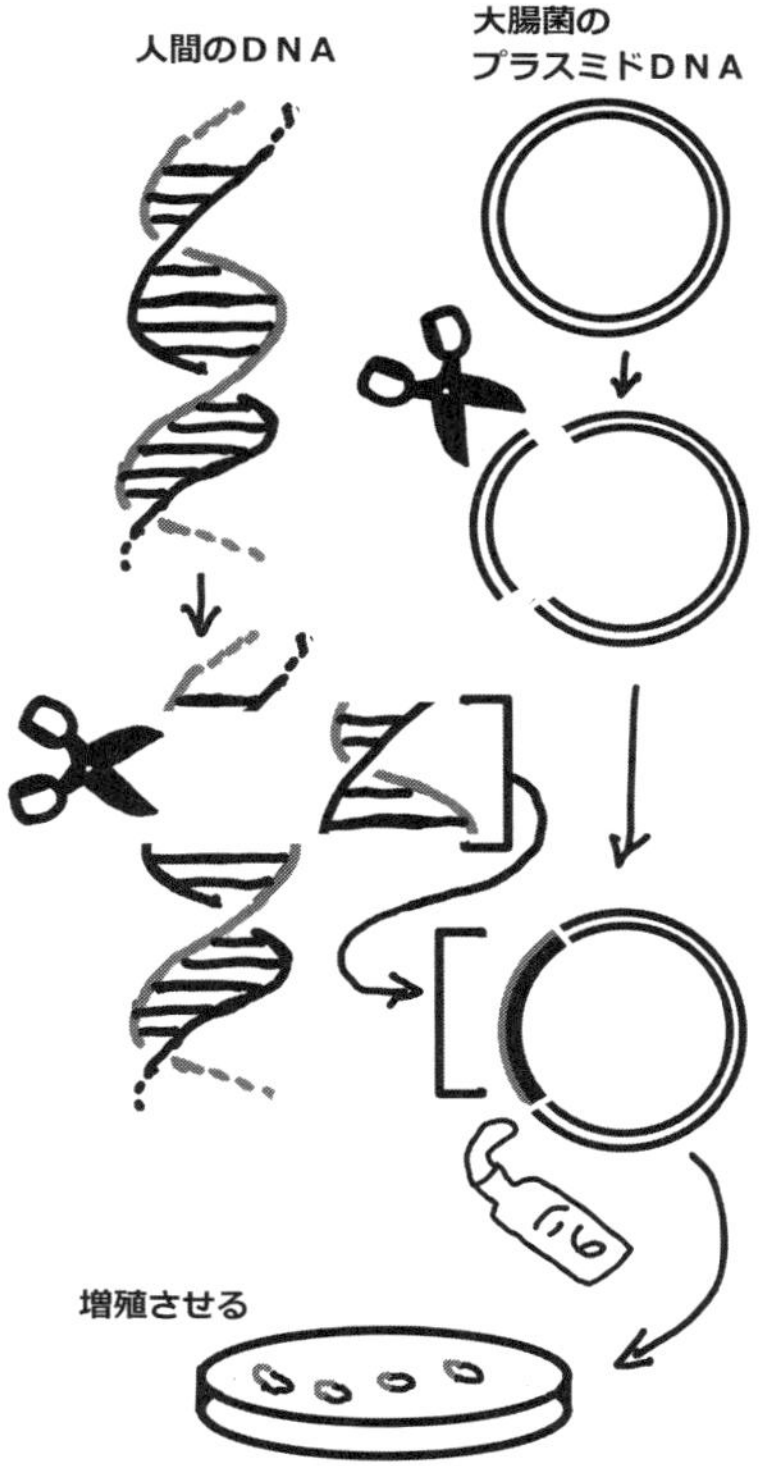

人間のＤＮＡと大腸菌プラスミドＤＮＡは
基本構造が同じ。だから、同じ制限酵素で、
同じ切り口で切ってつなぐことができる。
人間の遺伝子をプラスミドに組み込んで
大腸菌を増やせば、人間の遺伝子を
たくさんコピーできる。

図0-４：コーエンとボイヤーによる「組み換えDNA技術」。ハサミ（制限酵素）とのり（DNAリガーゼ）の機能を利用する

うした実験は科学者の間に懸念も引き起こした。

異種の遺伝子を組み込んだウイルスや細菌を作ることができるなら、これらが細胞に感染して増えることだってありうるだろう。たとえば、発がんウイルスのDNAを組み込んだ大腸菌が人間の身体の中で増えてしまったら？　抗生物質に抵抗性を示す病原体や、毒を作る組み換え微生物ができてしまったら？　バイオハザード（生物による災害）への警戒から、実験停止を求める声が高まっていった。

バーグは「危険を冒すな」という周囲の警告を聞き入れ、自ら作った組み換えDNAを細菌や細胞に導入することを見送った。一方、コーエンとボイヤーは、その先に実験を進めていたが、ある時、米国ニューハンプシャーで開かれた会議がひとつのブレーキとなった。きっかけは、ボイヤーが制限酵素について発表した時に参加者が言った一言だという。

「これで、我々はどんなDNAでも組み換えることができるようになったわけだ」

何でも組み換えられるとすれば、思いも寄らない危険な生物が作り出されるかもしれない。そうした認識が広がり、主要な科学者たちは1974年、組み換えDNA技術のモラトリアムに合意する。

サイエンス誌の1974年7月26日号に掲載された合意は以下のような内容で、研究の自由を重んじる科学者が自ら実験のモラトリアムを呼びかける世界初の試みとなった。

（1）すべての科学者は最も危険な組み換えDNA実験を、リスクがよくわかって、指針ができるまで実施しない。
（2）動物のDNAを細菌やファージ（細菌に感染するウイルス）につなぐ実験を計画する時には十分に注意する。
（3）NIH（米国立衛生研究所）が諮問委員会を作って、リスク評価をし、指針も作る。
（4）NIHは、生物による災害を評価し指針を提案するための科学者の国際会議を開催する。

そして、この提案通りに開かれたのが、松原も参加した1975年2月のアシロマ会議だった。アシロマの議論は白熱し、賛否両論が渦巻いた。バーグは2008年9月18日付けのネイチャー誌のエッセイでこう振り返っている。

「科学者が他人の実験のリスクには気づくのに、自分の実験のリスクには気づかないことに驚いた」

議論を収束させたひとつのきっかけは、実験の種類に応じてリスクを評価し、「物理的封じ込め」と「生物学的封じ込め」の2つの方法で安全対策を取る、という提案だった。「物理的封じ込め」は組み換え体の拡散を防ぐ施設や設備で、「生物学的封じ込め」はより安全な生物を使うという考え方で、今も規制の基本になっている。ちなみにこの提案をしたのは、後に線虫を用いた研究でノーベル医学生理学賞を受賞するシドニー・ブレンナーだったという。日本通としても知られる南アフリカ生まれの分子生物学者だ。

ここで合意された安全対策に基づき、もっとも危険性の高い病原体を扱う施設は「P4」と呼ばれてきた。現在は「BSL4」という言い方に変わっているが、P4の時代から施設建設をめぐって地域住民との間に摩擦があることに変わりはない。

アシロマ会議の結論は、「遺伝子組み換え実験は非常に厳しい規制のもとで行う」というところに落ち着いた。これを踏まえ、米国政府の組み換えDNA実験のガイドラインが1976年に施行された。このガイドラインは、世界各国のガイドラインの雛形となっていく。

こうした一連の科学者の行動は「科学者自身が先端技術の規制を自発的に議論して決めた最初の例」として記憶されることになる。「学問の自由」の名の下に科学者は何をしてもいい、というわけにはいかない時代に入ったのだ。

†遺伝子組み換えのハサミとのり

ここで、松原に話を戻そう。

当然、日本でも組み換えDNA実験への関心が高まったが、彼らの実験はすんなり進んだわけではない。それは何も、モラトリアムのせいだけではなかった。遺伝子組み換えに欠かせない「ハサミ」役の制限酵素と、「のり」の役目を果たすDNAリガーゼが、どちらもなかなか手に入らなかったのだ。

1968年にボイヤーが発見した制限酵素は、すぐに組み換えDNA実験のツールとして広まっていった。ボイヤーはバーグらにも提供していたらしい。しかし、海を越えた日本の松原には出し渋った。四苦八苦していると、ボイヤーの研究室にいる日系二世の研究者がこの制限酵素を作る大腸菌を送ってくれたという。松原はこれを使って制限酵素をどんどん作り、日本中の研究室に分けていった。

一方、のりの役目を果たすリガーゼも当時の日本ではなかなか手に入らなかった。松原が苦戦しているところに再び救いの手が伸びた。米国の組み換え実験の進展を知った留学帰りの日本人研究者、安楽泰宏がリガーゼをぽんと寄贈してくれたのだ。

ひとつの発見がまたたく間に世界に広がり、あちこちで再現実験が行われる今とは、まるで違う時代だったことがよくわかる。

こうして、松原のチームは、細菌の遺伝子組み換えに成功した。「いろいろなものを作ったので、何を最初に作ったか、忘れちゃった」というのが松原の回想だが、これが、日本における遺伝子組み換えの第1号だったのは間違いないだろう。

†遺伝子を「取る」「切ってつなぐ」が日常的に

1975年のアシロマ会議に日本から参加したのは、松原と慶応義塾大学の新井俊彦だった。「朝から晩まで会議室に閉じ込めて議論すると宣言された。危険性よりも利点を述べる人が多かった。自分の分野をPRする人も多かった」と松原は振り返る。

それでも規制方針がまとまり、帰国後に松原は日本の分子生物学のリーダーだった渡辺格《いたる》らと協力し日本でもガイドラインを作ろうと働きかけた。研究者も官庁も反応が鈍かったが、1979年には文部省(当時)及びそれ以外の研究機関のための「組換えDNA実験指針」がそれぞれ策定された。以後、改定を重ねた後、2004年に「遺伝子組換え生物等の使用等の規制による生物の多様性の確保に関する法律」(いわゆる「カルタヘナ法」)に基づく規制に置き換わっている。

当時、組み換え体を作る唯一の研究室となった松原のもとには、さまざまな依頼が舞い込んだ。中でも多かったのは、「この遺伝子を取ってくれ」という依頼だった。「遺伝子を取る」とは、科学者の言葉でいえば「クローニングする」ということだ。クローニングとは、目的とする遺伝子を切り出してプラスミドに組み込み、これを大腸菌などに戻して目的の遺伝子のコピーを量産できるようにすることをいう。

「B型肝炎ウイルスのDNAとか、甲状腺ホルモンとか、消化酵素とか。みんなに遺伝子をとってあげた。切ってつなげばいいだけだから」と松原は当時を振り返る。

†「アシロマ指針」が投げかける問題群

基礎科学の世界でバーグが先鞭をつけ、幅広い応用にコーエン&ボイヤーが貢献した遺伝子組み換え技術は、その後の生命科学の研究や医療、産業などに欠かせないものとなっていった。病気の原因遺伝子の解明、人間の全遺伝情報を解読するヒトゲノム計画、遺伝子診断、遺伝子治療、病気のモデル動物作り、遺伝子組み換え農作物の作製。どれひとつとっても、組み換え技術抜きには成立しなかっただろう。そして元祖遺伝子組み換え技術の誕生から40年以上がたった今、遺伝子組み換えを一新する技術が登場した。

それが「ゲノム編集」である。生命科学に革命をもたらすといわれ、猛スピードで応用が進められる。その一方で、新たな倫理的・社会的課題の議論が展開されている。

では、こうした今日的な課題にもアシロマ会議は有効だろうか。バーグは、前述した2008年のネイチャー誌のエッセイで、こう述べている。

「今では、このような会議を開くのはなかなか困難だ。なぜなら、当時は組み換えDNA実験を手がける科学者のほとんどが公的セクターで働いていて、一堂に会して意見を交わすことができたからだ。今は、商業的利益を重んじる企業で働く研究者が多い」

だからこそ、とバーグは言う。

「新しい技術が提起する懸念には、まず、公的資金で研究する科学者が、できるだけ早く、最善の規制を見出すことが大事だ。企業の科学者が研究を先導するようになったら、もう遅い」

なんだか不穏な予言だが、ゲノム編集のアシロマ会議がどう展開し、各国でどう議論が進んでいるかについては後の章に譲り、次の章では、まず、ゲノム編集の誕生物語を紹介していくことにする。

第1章　クリスパー誕生物語

†女性ペアが切り開く

２０１７年2月2日、日比谷公園の脇にある日本記者クラブの会見場には多くの科学記者が詰めかけていた。私たちが待っていたのは、今をときめく科学界の女性ペア、フランス人のエマニュエル・シャルパンティエと、米国人のジェニファー・ダウドナである。彼らは、ゲノム編集を一躍有名にした技術「クリスパー・キャス９」を開発した業績により、この年の「日本国際賞」を受賞することが決まったところだった。

日本国際賞は、その名の通り日本を代表する国際賞のひとつである。「日本版ノーベル賞」を創設したいという日本政府の願いに松下幸之助が寄付金をぽんと出して１９８５年から始まったもので、この時は33回を数えたところだった。日本国際賞受賞後にノーベル賞を受賞というケースも、エイズウイルスを発見したフランスのリュック・モンタニエら

図1－1：クリスパー・キャス9の功績で日本国際賞を受賞したシャルパンティエ博士（左）とダウドナ博士（2017年2月、毎日新聞社）

6人を数える。DNA断片を簡単に増幅できるPCR（ポリメラーゼ連鎖反応）の開発者、米国のキャリー・マリスのようにちょうど同じ年に受賞した人もいる。

　この日は2017年度の受賞者を発表する日で、二人はその記者会見に出席するため、それぞれが拠点とする国、ドイツと米国からやってきていた。

　やがて後ろの扉を開けて会見場に現れた二人を見た瞬間、スポットライトが当たったように辺りが明るくなった気がした。もちろん単なる錯覚だが、この二人がなんともスタイリッシュな女性ペアだったためかもしれない。どちらもすっきりと細身でダークなパンツスーツに身を包み、首元にはさりげなくスカーフを巻いている（図1-1）。

　ドイツの名門マックス・プランク研究所傘下の感染生物学研究所で所長を務めるシャルパンティエは、やや小柄でウェーブのかかった黒髪が印象的。片や米国の名門カリフォルニア大学バークレー校の教授であるダウドナは、長年ＲＮＡ研究の第一線で研究室を運営してきたというだけあって、堂々として自信がにじみ出るようだった。

彼らが共同で開発したクリスパー・キャス９（略してクリスパー）は、生物の設計図とも言えるゲノムをワードプロセッサーのように自在に編集できるゲノム編集ツールである。クリスパーは、もとはといえば細菌がウイルスの攻撃から身を守るために備えている自然界の仕組みなのだが、これをうまく利用して細胞の中で働く使い勝手のいい分子ツールに仕立てたのだ。

彼らが、ゲノム編集ツールとしてのクリスパーの可能性を論文発表したのが２０１２年。以来、瞬く間に世界中の研究室に広がり、「生命科学の世界に革命をもたらす」と言われるまでになった。

もちろん、序章で述べたようにこれまでも遺伝子組み換えの技術はあった。だが、従来の遺伝子組み換えはある意味で不完全なものだった。基本的にはランダムな位置でしかＤＮＡを操作できず、思い通りの組み換えは難しいという弱点があったからだ。

これに対し、クリスパーは「狙ったＤＮＡ配列を効率よく、正確に、切り貼りできる」という点で、従来の組み換え技術を一新するものだ。

実は、クリスパー以前にも「ＺＦＮ」（ジンク・フィンガー・ヌクレアーゼ）と「ＴＡＬ

EN」（ターレン）と呼ばれるゲノム編集技術が開発されて、それぞれゲノム編集の第1世代、第2世代と呼ばれてきた。いずれも、「狙った遺伝子をピンポイントで操作できる」技術だが、第3世代に当たるクリスパーが勝っているのは、なんと言っても「使うのが簡単」で、しかも「安い」という点だった。

†ゲノム編集の「探して、切る」メカニズム

では、クリスパーはどのように働くのか。まずは基本を押さえておくことにしたい。クリスパーにせよ、ジンク・フィンガー・ヌクレアーゼ、ターレンにせよ、小難しい技術に聞こえるかもしれないが、なんのことはない。これらの分子ツールに共通する役割は、標的とするDNAの配列を見つけて、二重鎖をばっさりと切断することだ（これを専門家は「Double Strand Break = DSB」と呼ぶ）。

ダウドナのチームがクリスパーの仕組み解明を一歩進めた時のネイチャー誌の表紙にも「探して、破壊する」というそのもののタイトルがついていた（図1-2）。でも、いったい、どうやって？　詳しい仕組みは後で述べることにして、まずは次のようなイメージを思い浮かべてほしい。

ハサミを備えた小さな分子マシン「クリスパー」が、細胞の中のDNAの上を移動しな

がら次々と塩基配列を点検していく。このマシンは、ゲノムの中で編集したい遺伝子の中の塩基配列（20文字ほど）が書かれたチケットを持っていて、ちょうどこれと同じ塩基配列を見つけると、照合し、ハサミで二重鎖を切断する。もちろん、チケットは紙ではなくて、人工的に設計したRNAでできている。ハサミはたんぱく質でできている。

では、DNAの二重鎖を切断した後に何が起きるかといえば、DNAの修復だ。細胞のDNAは自然の状態でも放射線や化学物質などによって傷ついているので、身を守るためにすべての生物がDNA修復の仕組みを持っているからだ。

図1－2：ダウドナのチームの論文が掲載されたネイチャー誌（Volume 507 Issue 7490, 6 March 2014）

ゲノム編集の主な狙いは、こうした自然の修復を利用して、遺伝子の働きを失わせる「遺伝子ノックアウト」を実行したり、望みの遺伝子を入れ込む「遺伝子ノックイン」を実行したりすることだ（図1－3a、b、c、d）。

そのために、次のような2通りの修復機能を利用する。

やぁ！　ワタシは「クリスパー」くん。
みなさんに愛着を持っていただきたくて
このような仮装をしていますが、
本当は分子の組み合わせです。
特技は「見つけ」「切る」こと。
生命科学の歴史を変える存在とも
言われています。お見知りおきを！

図1－3a：分子マシン「クリスパー」のイメージ

(1)ともかく、切断された末端同士をつなぎ合わせる（専門家は「非相同末端結合修復」と呼ぶ）。

(2)切断されたDNAと同じ配列を鋳《い》型《がた》として、元通りに修復する（専門家は「相同組み換え修復」と呼ぶ）。

(1)では、しばしば、切れたDNAは元通りにはならず、遺伝子の働きが失われるので「遺伝子ノックアウト」が起きる。

(2)の場合は、切断部分にぴったり嵌《はま》るように設計した望みの遺伝子をクリスパーといっしょに入れておく。すると、もとのDNAが再生される代わりにこの遺伝子が挿入され、「遺伝子ノックイン」が起きる。

言い換えると、「探して」「切って」「遺伝子をノックアウト」または「望みの遺伝子をノックイン」するというのがゲノム編集の基本的な仕組みということになる。

「ノックアウト」というと、なんだか失敗のように聞こえるが、生命科学の世界では「役に立つ」手法だと思ってほしい。遺伝子

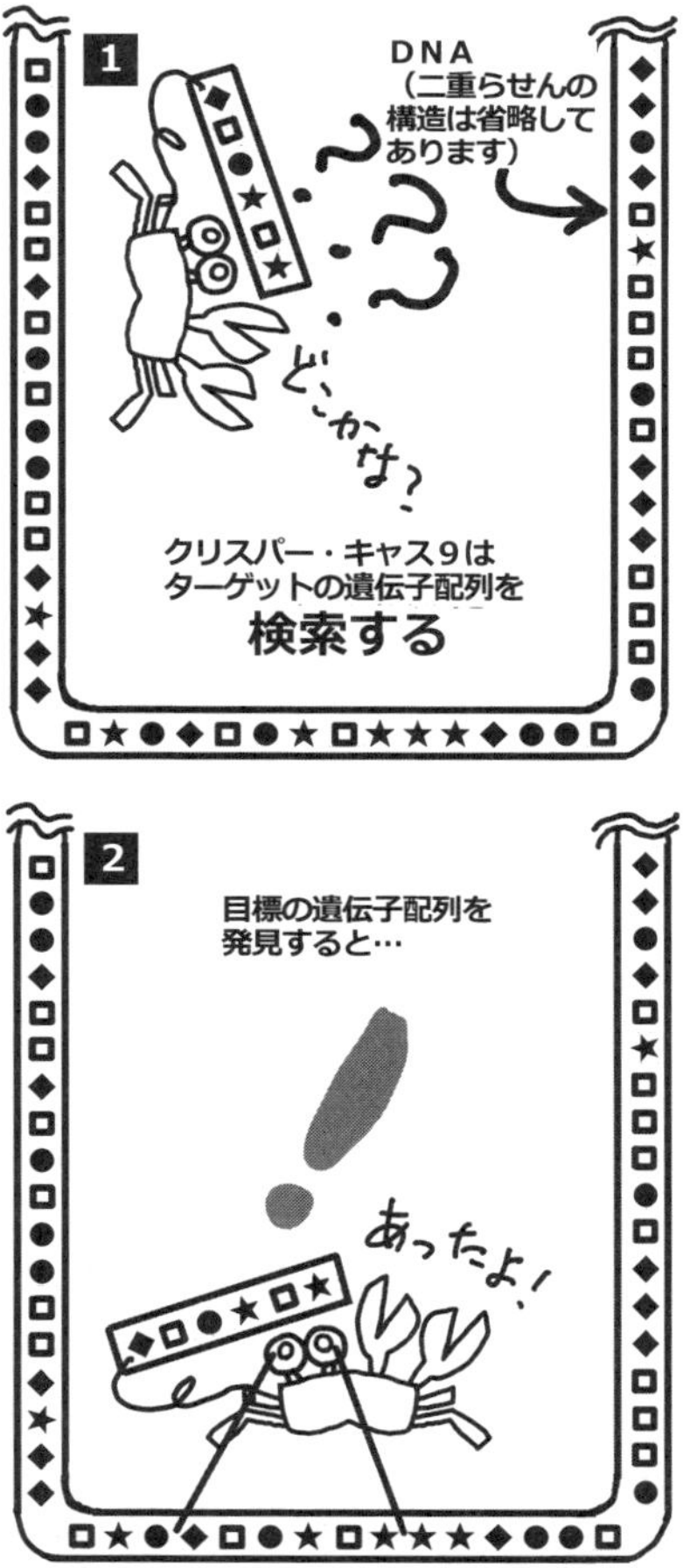

図1−3b：クリスパー・キャス9が狙った遺伝子配列を検索し、見つける

図1－3c：「ノックアウト」のイメージ

図1-3d:「ノックイン」のイメージ

をノックアウトすることでその遺伝子の働きがわかるし、病気のモデル動物を作ることもできる。遺伝子の切断で変異が生じた結果、新たな性質が生まれ、これを品種改良に利用することもできるからだ。

「遺伝子ノックイン」の場合は、新しい遺伝子を導入するだけでなく、もとの場所にあった遺伝子変異を修復することもできるし、逆に正常な遺伝子に変異を入れることもできる。

†第1、第2世代はたんぱく質が「探し当て」「切断する」

ここで改めて、ゲノム編集ツールの中でクリスパーが注目を集めている理由を考えてみたい。

分子マシンのイメージで説明したように、

ゲノム編集ツールには標的とするDNAを「探し当てる」検索機能と、DNAを「切断する」ハサミ機能の2つが必要となる。

ハサミの機能はどの世代のゲノム編集でも「ヌクレアーゼ」と呼ばれる酵素が担う。英語で書けば「nuclease」。DNAのような核酸を切断する酵素のことだ。ちなみに、……アーゼ（英語では……ase）と語尾についたら、酵素のことだと思ってほしい。では、酵素とは何かといえば、からだの中で起きているさまざまな化学反応を触媒するたんぱく質の総称で、生命維持に欠かせない物質だ。唾液などに含まれるアミラーゼは食物に含まれるデンプンを分解する時に働く酵素、リパーゼは脂質を分解する時に働く酵素、といった具合だ。

先述したジンク・フィンガー・ヌクレアーゼ（ZFN、第1世代）とターレン（TALEN、第2世代）では、ハサミ役であるヌクレアーゼとして「FｏkI」と呼ばれる酵素が使われる。このFｏkIは、京都大学の研究チームが1980年代に細菌から発見した制限酵素である。後で述べるように、クリスパーの配列自体も日本人研究者が過去に発見している。それらが今、ゲノム編集に幅広く使われていることを思うと感慨深い。

ZFNとターレンでは、ハサミ役だけでなく、標的DNAを「探し当てる」検索機能もまた、たんぱく質が担う。ハサミ役のたんぱく質はFｏkIを使い回せばいいが、検索用のたんぱく質は、狙った標的ごとに設計しなくてはならない。そして、設計通りにたんぱく質を作ることは、なかなかやっかいな作業で、高度な技術が求められ、誰でも簡単にできるというわけにはいかないのだ。

†第3世代クリスパー・キャス9の利点と弱点

では、クリスパー・キャス9ではどうだろう。

まず、「切断する」ハサミの役割を担うのは、古細菌から発見された「Cas9」（キャス9）と呼ばれるヌクレアーゼ、すなわちたんぱく質である。ハサミ役がたんぱく質である点では第1、第2世代と変わらない。

一方、標的DNAの検索機能を担うのは人工的に作る一本鎖のRNAだ。ハサミ役のキャス9を標的まで案内（ガイド）する役目を持つので「ガイドRNA」と呼ばれる。切断したい標的DNAに応じてガイド役の分子を設計し合成する必要がある点は、他のゲノム編集ツールと変わらない。ただ、ジンク・フィンガー・ヌクレアーゼやターレンのようにたんぱく質を設計・合成するのに比べると、RNAの設計・合成はずっと簡単で、しかも安いのだ。この簡便さが、クリスパー・キャス9をして、ゲノム編集界のスターに押し上げた、というわけだ。

これ以外にも、クリスパーが優れている点としてよく挙げられるのは「複数の遺伝子を一度に編集できる」という点だ。たとえば、病気のモデルマウスを作ろうとした場合に、複数の遺伝子をノックアウトしないと病気が再現できない場合があるだろう。また、複数の変異遺伝子を一度に修復して、病気の治療に役立てたい場合もあるだろう。これを従来の遺伝子組み換えで行うのは至難の業だった。クリスパーなら、標的遺伝子ごとに設計した複数のガイドRNAを一度に作用させることができる。お手軽といってもいいだろう。

といっても、あらゆる点でクリスパーが優れているというわけではない。たとえば、標的とするDNA配列だけを切断する「特異性」の点では、第1、第2世代が優っている。裏を返せば、クリスパーは狙った標的以外のDNAを誤って切断してしまう可能性が高い、ということになる。

このような、目的外の切断を「オフターゲット」(off-target)と呼ぶ。本来の標的(ターゲット)とは異なるターゲットに作用してしまう、という意味だ。目的外の切断は、ゲノム編集を医学に応用する場合には当然のことながら大きな脅威となる。思わぬDNAの切断は、正常な遺伝子の機能を損ない、時にはがんを引き起こすことにもつながるからだ。医学以外でも、標的外の遺伝子を操作してしまうことで、狙いとは異なる生物を作り出してしまう心配がある。このためオフターゲットを防ぐための改良が世界で進められている。

これ以外にも、ゲノム編集が抱える技術的課題はいくつかあるが、それにもまして注目を集めているのは、倫理的課題だろう。

†技術と社会の接点にある倫理的課題

章の冒頭で触れた日本国際賞の記者会見でも、それが気になっていた私は次のような3つの質問をしてみた。

「この技術に倫理的影響があると気づいたのはいつか。もっとも重要な倫理的課題はなんだと思うか。倫理問題を解決するために科学者として何をすべきか」

ダウドナの答えはこんな感じだった。「2014年の初めのことです。クリスパー・キャス9を使ってサルの受精卵の遺伝子を改変したという論文が発表されました。この時に、倫理問題を考えなくてはならないと気づいたのです。特に人の受精卵にこの技術を適用することの倫理問題です」。実際ダウドナは、「その議論は自分が率先して進めるべきだ」と考え、積極的に生命倫理の議論に参加していくことになる。

一方、シャルパンティエは、「遺伝子改変の倫理問題は、この分野では以前から議論されてきました。でも、今回は、応用のスピードがとても速いという点が違います」と答えた。まさにその通りで、ヒトの受精卵の遺伝子改変の倫理は、何も「新しい課題」ではない。1990年代に遺伝子治療が開始された時にも集中的に議論された。その結果、「人間の受精卵の遺伝子改変はしない」というのが世界的な合意になってきた。しかし第4章で述べるように、その原則は揺らぎつつあるといってもいいだろう。

ヒト以外の生物への応用にもゲノム編集が提起する倫理問題や社会的課題はある。たとえば、ゲノム編集を使って絶滅種を復活させてもいいか、または、有害な生物種を絶滅させてもいいか、といったことだ。ダウドナとシャルパンティエを巻き込んで過熱する特許争いも注目された。この技術と社会との接点で起きる話題には事欠かない。科学メディアとしても、当分の間、目の離せないテーマであることは間違いない。ただ、実のところ、私がこの技術に引きつけられるには、もうひとつ別のきっかけがあった。

ある時、ゲノム編集技術の開発者のひとり、エマニュエル・シャルパンティエの研究者人生を紹介するネイチャー誌の記事を読んで、彼女の研究者人生に親しみと好感を覚えたのだ。おかしな言い方かもしれないが、「きっと私が好きなタイプの研究者に違いない」というのが直感だった。

ここからは、ネイチャー誌のニュース記事（2016年4月27日）や、日本国際賞の発表資料と受賞記念講演、シャルパンティエが所属していたスウェーデンのウメオ大学のサイト、いくつかのインタビュー記事などを参考に、彼女の研究人生を振り返ってみたい。

無名の研究者エマニュエルの旅

シャルパンティエは、その名前から想像されるように、フランス生まれのフランス人である。大学生のころから微生物学を専門としてきた。

ちなみに、ペアの片割れであるジェニファー・ダウドナは米国生まれの米国人。専門は構造生物学だ。2010年代の前半にゲノム編集が脚光を浴びるようになる前から、ダウドナはRNA研究の世界ではすでにひとかどの人物で、有名人のひとりだった。

一方、シャルパンティエはほぼ無名の科学者だったと言っていいだろう。2015年からはドイツのマックス・プランク研究所傘下の感染生物学研究所所長となり、確固たる地位を築いている。だが、そこに至るまでには5カ国9つの研究室を渡り歩いてきたというから、順風満帆な研究人生だったわけではない。研究対象も、流行の中心からは遠く離れた細菌の免疫機構だった。こつこつと地味な研究を続けてきた彼女が、どのようにゲノム編集という科学界を席巻する技術の開発にたどり着いたのか。その物語に大いに興味をそそられた。

パリ郊外の小さな町に生まれたシャルパンティエは、さまざまなことに興味を持つ子どもだったという。バレエダンサーを夢見たこともあったが、特に関心を持ったのは医学だった。パリのピエール&マリー・キュリー大学で微生物学や遺伝学を学んだ後、パスツール研究所で行った研究で博士号を取得したのが1995年。この時の研究テーマはバクテリア(細菌)に薬剤耐性を持たせるDNAの分析だった。

パスツール研究所といえば、微生物や感染症、公衆衛生研究の世界的な拠点である。狂犬病ワクチンの開発などで知られるルイ・パスツールが1887年に開設した歴史ある研究所だ。微生物学のコースが世界で最初に開設されたのもここだった。

私もかつて、何回かこの研究所を取材で訪れたことがある。印象深いのは、その一画に併設されているこぢんまりとした博物館だ。当時使われていた実験器具が並び、パスツールが考案した有名な「スワンフラスコ」(白鳥の首フラスコ)も展示されている。生物の自然発生説を否定するのに使われたフラスコだ。地下にはパスツールその人も眠っている。この研究所が輩出したノーベル賞学者も数多い。1907年にマラリアの病原体であるマラリア原虫を発見したアルフォンス・ラヴランを皮切りに、HIVウイルスを発見したルイ・モンタニエ、フランソワーズ・バレ=シヌシ両氏の2008年の受賞まで、10人に上る。

ゆくゆくはこの研究所に自分のラボを持ちたい。それが微生物学を専門とするシャルパンティエの当時の夢でもあった。「大学生のころから、いつかパスツール研究所で働くんいた。

だと思っていました」。日本国際賞受賞者発表の際の個別インタビューでも、そう語って

その夢をめざし、まずは海外のラボで武者修行する道を選んだが、それは何も特別なことではなかった。博士号を取得した研究者が、ポスドク（博士研究員）として、国内外の研究室で任期付きの研究に従事するのは、当時から欧米ではごくあたりまえのことだった。ただし、シャルパンティエがこの時に予期していなかったのは、これが、その後20年に及ぶ「放浪の旅」の第一歩になるということだっただろう。1996年、母国フランスから海を渡って米国ニューヨークのロックフェラー大学に移ったのを皮切りに、オーストリア、スウェーデン、ドイツと、5カ国9つの研究室を渡り歩くことになる。

クリスパーの業績を買われて、ドイツのマックス・プランク研究所傘下の感染生物学研究所所長に就任した2015年には、46歳になっていた。「自分のテクニシャン（技術者）を雇えるようになったのは45歳の時」。これは欧米の科学者のスタンダードからすれば、かなり遅い部類に入るだろう。

†ニッチから大輪の花へ

地味なのは経歴だけではない。研究対象もまた、地味だった。

武者修行の一歩としてロックフェラー大学のポスドクとなったシャルパンティエが手がけたのは、微生物学者エレイン・トーマスのもとでの肺炎球菌の研究だった。肺炎の原因となるポピュラーな細菌で、この細菌が抗生物質に対する耐性を獲得する仕組みの研究に取り組んだ。その後、ニューヨーク大学の医学部ではマウスを使った実験を2年間手がけ、次はテキサス州メンフィスのセントジュード小児病院、その次はニューヨークのスカボール生物医学研究所と異動を繰り返し、2002年に再び海を渡ってウィーン大学のマックス・ペルーツ研究所に着任し、ここで初めて自分の研究チームを立ち上げた。

クリスパーについて考え始めたのは、このころだったという。当時は、これに注目する科学者は一握りしかいない「ニッチ」だったというから、これもまた、地味な分野だった。それが10年後には大輪の花を咲かせることになるのだから、研究の行方はわからない。

✝自然界のCRISPRと免疫機構

ここで間違えないようにしたいのは、この時シャルパンティエが考えたのは、ゲノム編集ツールとしてのクリスパーではない、ということだ。

そもそも、クリスパーは自然界に存在する仕組みである。シャルパンティエとダウドナが開発したクリスパー・キャス9は、この自然界の仕組みを利用した人工的な分子ツールである。以後、人工的なクリスパーと区別するために、本書では原則として自然界のクリスパーはアルファベットでCRISPRと表記することにする。

では、自然界におけるCRISPRとはどんなものなのか。一言でいうなら、細菌が外敵から身を守るための「免疫機構」だ。人間が病原体などの異物から身を守る免疫機構を持っているのはご存じの通りだが、もっとシンプルで下等な生物である細菌も免疫機構を持つ。なんとなく不思議な気がするが、珍しいことではない。

人間など高等生物の「免疫機構」の仕組みはとても複雑なのでここでは詳しく説明しないが、大雑把に言えば、ウイルスや細菌など身体に侵入してきた異物をなんであれ直ちに排除する「速効性」の仕組みと、過去に感染した病原体を記憶しておいて次に感染した時に一気に攻撃をかける「緩効性《かんこうせい》」の仕組みの2つがある。

前者を「自然免疫」と呼ぶのに対し、後者は「獲得免疫」と呼ばれる。病原体と出合った結果、獲得される免疫だからだ。ワクチンは「獲得免疫」を利用して人工的に病原体の記憶ファイルを作っておき、次に病原体がやってきた時にファイルと照らし合わせてすばやく攻撃する仕組み、と考えることができる。

一方、細菌自身もウイルスのアタックを受けて感染、死滅してしまうことがある。こうした細菌に感染するウイルスは総称して「バクテリオファージ」と呼ばれる。単にファージと呼ばれる場合も多い。

相手が人間の細胞でも、細菌でも、感染したウイルスは相手の細胞の増殖機構を乗っ取って、自分自身を増殖させる。なぜならウイルスは人間の細胞や細菌と違って、自力で増殖する能力がないからだ。ウイルスが、生物と無生物の中間とも言われるゆえんである。

そして、前述したように通常の細菌や古細菌もまたウイルスのアタックから身を守る防御機構を持っている。その仕組みはもちろん、人間が持つ仕組みとは違う。これを担う仕組みのひとつがＣＲＩＳＰＲだ。「Clustered Regularly Interspaced Short Palindromic Repeat」の頭文字をとってＣＲＩＳＰＲ（クリスパー）。直訳すれば、「間隔をおいて繰り返される短い回文配列の塊」となる。なんとも長ったらしい、わけのわからない名前だが、真正細菌の半数、古細菌の9割がこの仕組みを備えているという。重要なのは「間隔を置いた短い配列の繰り返し」だ。

†侵入者の「記憶ファイル」を利用する

ウイルスの侵入を受けた細菌は、そのウイルスの遺伝子を切り刻み、一部を細菌自身のＤＮＡに組み込んで記憶する。次に同じウイルスが侵入してきた時には、これを利用して敵を認識し、すばやく攻撃をしかけて排除する。このような敵の「記憶ファイル」がＣＲ

ISPRの実態である。私たちが持つ免疫機構になぞらえるなら「獲得免疫」に当たる。

外敵であるファージの種類はたくさんあるので、CRISPRにはさまざまなファージの塩基配列をファイルしておく必要がある。「敵A」「敵B」「敵C」「敵D」の配列があるとすると、その間は「リピート」と呼ばれる同じ配列で区切られている。「敵A」「リピート」「敵B」「リピート」「敵C」「リピート」……といった具合だ。

「リピート」は25〜50塩基程度の配列で、これが回文配列を含んでいる。回文とは、「タケヤブヤケタ」「シンブンシ」のように、前から読んでも後ろから読んでも同じという意味だが、DNAの配列の場合はちょっと違う。二重鎖を成すDNAの上に並ぶ塩基配列の文字が、片方の鎖をある方向に読んだ場合と、それと対を成す鎖を逆方向から読んだ場合が一致する配列をいう。たとえば、「GAATTC」がこれに相当する。塩基はAとT、GとCがペアを成すので、「GAATTC」と対を成す配列は「CTTAAG」で、ちょうど反対から読むと一致することがわかるだろう。

回文配列は、ここから読み出されるRNAがヘアピンのような立体構造を取って働くところに特徴があるが、ここでは深入りしないことにする。

この回文配列の間に埋め込まれているのが「敵」の配列で、「スペーサー」と呼ばれる。こちらも30〜40塩基程度の短い配列だ。つまり、CRISPRとは、「敵の配列」（スペー

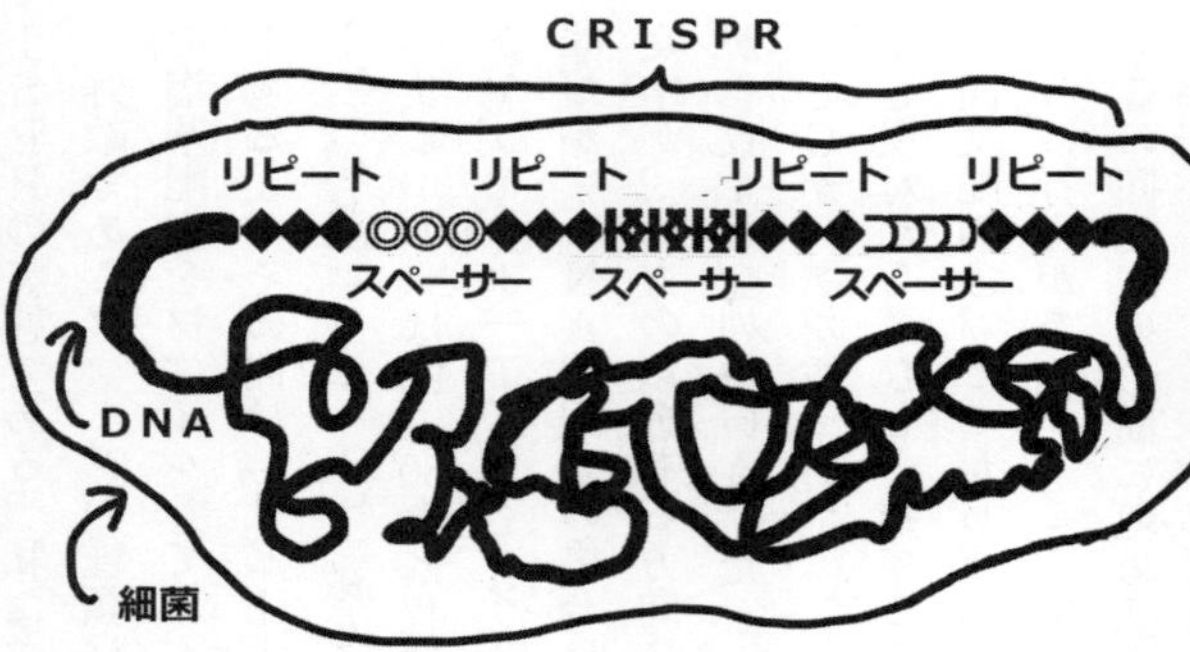

図1－4：CRISPR機構におけるスペーサー（敵）とリピート（回文）からなる配列のイメージ

サー）と「短い回文配列」（リピート）が交互に出てくるひとまとまりの配列ということになる（図1－4）。細菌にウイルス（ファージ）が感染すると、細菌はそのウイルスの配列の一部を切り取り、スペーサーとして次々と蓄えていく。

†日本人が発見した配列

前述したように、実はCRISPR配列を世界で最初に発見したのは九州大学の石野良純のグループだった。

話は1980年代に遡る。当時、大阪大学微生物病研究所で大腸菌が持つアルカリフォスファターゼと呼ばれる酵素のDNAを研究していた石野は、奇妙な塩基配列に気づいた。この酵素の生成をコントロールする遺伝子を解読したところ、特徴的な配列が何度も繰り返されている場所が見つかったのだ。

1987年にバイオテクノロジー誌に掲載された論文の最後に、「珍しい構造が見つかった」として、この配列について記載している。後に石野は「あまりに特徴的な繰り返し配列だったので、論文を書く時に図を一つ作って取り上げた」と回想している。2年後には、サルモネラ菌や赤痢菌にも同様の繰り返し配列が存在することがわかった。

この配列こそが今でいうCRISPRだったわけだが、残念なことに、この時はその働きを突き止めるには至らなかった。87年の論文は次のように締めくくられている。

「現時点ではこれと同様の配列は他の原核生物には見当たらず、生物学的な意味は不明である」

1990年代に入ると、さらに他の細菌類に同様の繰り返し配列が見つかるようになり、どうやらこうした配列は細菌に普遍的に存在するのではないかと考えられるようになった。

これを最初に示したのはスペインのアリカンテ大学のフランシス・モヒカのチームだった。モヒカは大学院生の時に湿地で発見された耐塩性の古細菌を調べていて、間隔を空けて並んでいる回文配列の繰り返しに気づき、1993年に発表した。この奇妙な配列の謎を解こうとしている時に、石野の論文にも気づいた。大腸菌と古細菌の両方が持っているということは、重要な働きがあるに違いない。そう考えたモヒカは謎解きを続けていく。

ちなみに、こうした繰り返し配列をなんと呼ぶかについては、いくつか案があったが、

「ＣＲＩＳＰＲ」と名付けられたのは２００２年のことだ。語感は悪くないとしても、もっと簡単な名前をつけてくれればよかったのにと思うが、今となっては後の祭り。それに、名前をつけたからといって、クリスパーの役割がわかったわけではなかった。

†Ｃａｓ（ハサミ機能）の発見

研究が進むうちに、ＣＲＩＳＰＲ配列の近くに寄り添うように配置されている塩基配列の存在が明らかになった。この配列は、ＣＲＩＳＰＲを持つ細菌には存在するが、ＣＲＩＳＰＲを持たない細菌にはなかった。このため、ＣＲＩＳＰＲと連動して働く遺伝子だと考えられ、「ＣＲＩＳＰＲに関連する」(CRISPR-Associated) という意味の頭文字をとって、Ｃａｓ（キャス）と名付けられた。これが結果的に、ハサミの役割を果たすたんぱく質の遺伝子だとわかる。

ＣＲＩＳＰＲとＣａｓはセットで、異なるＣＲＩＳＰＲには異なるＣａｓが対応する。その種類は90を超え、注目のＣａｓ９もその１つということになる。ＣＲＩＳＰＲの役割がわかるようになったのは、細菌やファージのＤＮＡの塩基配列解読の進展や、解読された塩基配列をコンピュータで分析するバイオインフォーマティクスの進展に負うところが大きい。

謎解きを続けていたモヒカのチームは、バイオインフォーマティクスの助けを借りてCRISPRのスペーサー配列がファァージの持つ配列に一致することを確かめ、2005年に「CRISPRは細菌をファージの感染から守るために働く仕組みだ」と論文発表した。

ここから一歩進めて、CRISPRが実際に細菌の防御機構を担っていることを実験で証明したのは、デンマーク発祥の国際食品会社「ダニスコ社」のロドルフ・バラング、フィリップ・ホルバースらの研究チームだった。その成果は2007年3月23日付のサイエンス誌に、「CRISPRはウイルスに対する真核生物の獲得免疫を担う」というそのものずばりのタイトルで掲載された。

†クリスパー機構の証明

ダニスコ社は食品会社だけあって、研究対象としていたのはヨーグルトやチーズ作りに使われる乳酸菌「ストレプトコッカス・サーモフィルス」である。彼らにとってやっかいな問題は、乳酸菌に攻撃をしかけるウイルス、すなわちファージだった。ファージに感染することによって、ヨーグルトやチーズがうまくできなくなるからだ。

バラングらは、乳酸菌のさまざまな株でCRISPR配列を分析した。その中には、ファージに対する抵抗性を持つ変異株も含まれていた。配列を比較すると、ファージ抵抗性を持つ変異株にはファージ由来だと思われる追加のスペーサー配列があった。そこで彼らは、スペーサー配列を加えたり、削除したりして、ファージに対する抵抗性が変わるかどうかを確かめたのだ。

その結果、CRISPR配列にファージの配列を付け加えるとファージへの抵抗性が生まれ、逆に削除すると抵抗性がなくなることが確認できた。さらに、Casを不活化すると抵抗性が失われることも確かめた。

この実験によって、CRISPRが過去に乳酸菌に感染したファージの記憶ファイルであり、Casと共同でファージに対する獲得免疫を担っていることが確かめられたわけだ。ここからCRISPR・Casの研究は急速に進んでいくことになる。

†敵に隣接する目印PAM

CRISPR・Casのシステムが、どのように細菌の獲得免疫として働いているのか。そのパズルを完成させるには、さらにいくつかの重要なピースが必要だった。

2008年には、オランダのワーヘニンゲン大学のジョン・ファン・デア・オーストのチームが、ファージから取り込んだ配列を持つ小さなcrRNA（クリスパーRNA）が、Casたんぱく質を標的DNAに導くことを、大腸菌を使って示した。DNAのCRIS

PR配列全体が、まず、長い一本鎖のRNAに転写され、次に酵素の働きによってRNAのリピート部分で切断される。こうして、スペーサー配列（つまり、過去に細菌に感染したファージの配列の断片）を1つずつ含む、短いRNAができる。これがクリスパーRNAだ。

次に、ノースウェスタン大学のチームが、CRISPRの標的がRNAではなく、DNAであることを示した。これは、科学コミュニティにとっては少し意外な結果だったらしい。なぜなら、当初CRISPRのターゲットはRNAではないかと思われていたからだ。細菌などの原核生物でも、動植物などの真核生物でも、DNAの情報はRNAに写し取られ、それを元にたんぱく質が作られる。DNAをブロックしても、RNAをブロックしても、たんぱく質は作られないので、遺伝子の働きを抑えられる。当時、動植物を中心とする真核生物については、RNAをターゲットとしてその働きを抑えるRNA干渉というメカニズムが注目されていた。このことから、CRISPRもRNAがターゲットなのではないかという推測があったが、実はDNAだったというわけだ。

2010年にはCRISPR・Cas9が標的とするDNAの二重らせんを切断するのは、「PAM」と呼ばれる配列のすぐそばであることをカナダのグループが示した。PAMはCRISPRの話にしばしば登場する配列なので、ざっと説明しておくことにする。PAMとは「Protospacer Adjacent Motif」の頭文字で、「スペーサーのもとになる配列に隣接するモチーフ」といった意味だ。「〇GG」という塩基配列で（〇はどの塩基でもいい）、2005年にフランスのチームが発見している。

PAMはCRISPRが働く時のひとつの目印で、CRISPRが大量の塩基配列の中から標的配列をすばやく検出するのに役立っている。また、ウイルスと自分を見間違えて切断してしまわないための目印にもなっている。人工クリスパーを設計する時には、どの配列をターゲットにするかを決める目印ともなる。ターゲットにできる配列はPAMの近くに限られてしまうので制限も生まれるが、これを解決する技術開発も進められている。

エマニュエルの発見

ここで、話をシャルパンティエに戻したい。

CRISPRについて考え始めたのは2002年にウィーンに移ったころだったという。この特別な配列にCRISPRという名前がつけられ、これが細菌に感染するファージに対する獲得免疫を担っていると考えられるようになった時期だ。ただ、当時は一握りの微生物学者だけが注目する小さな分野でしかなかった。

この時期は「スモールRNA」が遺伝子を制御することが明らかになってきた時期でも

あった。スモールRNAは、20～30塩基でできた、まさに「小さなRNA」のことだ。たんぱく質の情報を担っていなくても、さまざまな役割があると考えられるようになっていた。

実はシャルパンティエは、最初からCRISPRに注目していたわけではない。細菌がどのように病気を起こすのかにずっと興味を持っていた彼女は、まず、以前から研究対象としてきた化膿レンサ球菌で遺伝子の制御に関わるスモールRNAの塩基配列をすべて決めることを思い立った。

この作業を実際に引き受けたのは、RNA生物学に詳しいドイツ人の若手研究者フォーゲルで、当時はマックス・プランク研究所に所属していた。2008年、この細菌が作るすべてのスモールRNAの塩基配列が解読されたところで、シャルパンティエとボーゲルは驚くような事実に気づいた。

未知のスモールRNAが大量に存在し、このRNAはCRISPR配列のすぐ近くの配列から読み出されたものだったのだ。しかも、このスモールRNAの中の25塩基がCRISPR配列の一部とペアをなすこともわかった。位置と配列から考えれば、このスモールRNAはCRISPRに関係しているとしか思えなかった。そこでシャルパンティエはこのRNAを「tracrRNA」(トレイサーRNA)と名づけた。

この発見はまだ誰も知らないCRISPRシステムの解明につながるかもしれない。そう考えたシャルパンティエは、一連の実験をこつこつと進めることになる。

†トレイサーRNAとは

ここでおさらいをすると、クリスパーRNAは細菌のCRISPR配列から読み出される「敵の配列」を持つ小さなRNA、Cas9はCRISPRとともに働くハサミ役のたんぱく質。では、トレイサーRNAはどういうものなのだろうか。

シャルパンティエの直観的な仮説は「クリスパーRNAとトレイサーRNAが互いに協力し合って、Cas9たんぱく質を特定のウイルス遺伝子に導く」というものだった。

当時は誰もが簡単に信じるような仮説ではなかったため、この実験をしてくれる若手研究者を探すのが一苦労だったと彼女は振り返っている。確かに、手間暇をかけて実験したあげくに空振りだったとしたら、若手研究者は論文を書くこともできず、その時間と手間を棒に振ってしまう。一方で、勝算があるかないかわからないようなチャレンジなしには、科学の発展がのぞめないのも確かだ。1年近くかけて探し、やっとこのチャレンジを引き受けてくれたのは、ウィーン大学でシャルパンティエのラボにいた修士課程の女子学生、エリッツァ・デルチバだった。

2009年のそのころ、シャルパンティエ自身はウィーン大学から今度はスウェーデンのウメオ大学に移ったところだった。シャルパンティエは、ウィーンとウメオを行き来していたが、ある晩、ウメオのオフィスにウィーンのデルチバから連絡があった。「実験がうまくいきました!」。シャルパンティエは「それを聞いて本当にハッピーだった」と振り返っている。彼らは、周囲にこの話が漏れないように注意しながら、念には念を入れて確認の実験を重ね、2010年9月にネイチャー誌に投稿した。レビューを経て掲載されたのは2011年3月のことだ。

トレイサーRNAとクリスパーRNAの一部が二本鎖を形成し、このRNAがCas9をターゲットに導くことがこれでわかった(図1-5の上図)。シャルパンティエの仮説が証明されたのだ。CRISPR・Cas9の基本的な働きを解明するジグソーパズルの最後のピースでもあった。

これで、細菌の免疫を担うCRISPRシステムがたった3つの分子、すなわち「クリスパーRNA、トレイサーRNA、Cas9たんぱく質」で構成されていることが明らかになった。それは、思った以上にシンプルなシステムだった。

この発見は、それまで無名だったシャルパンティエを、少なくともCRISPR研究の世界では有名人に押し上げた。しかし、彼女はこれで満足したわけではない。すでに次の

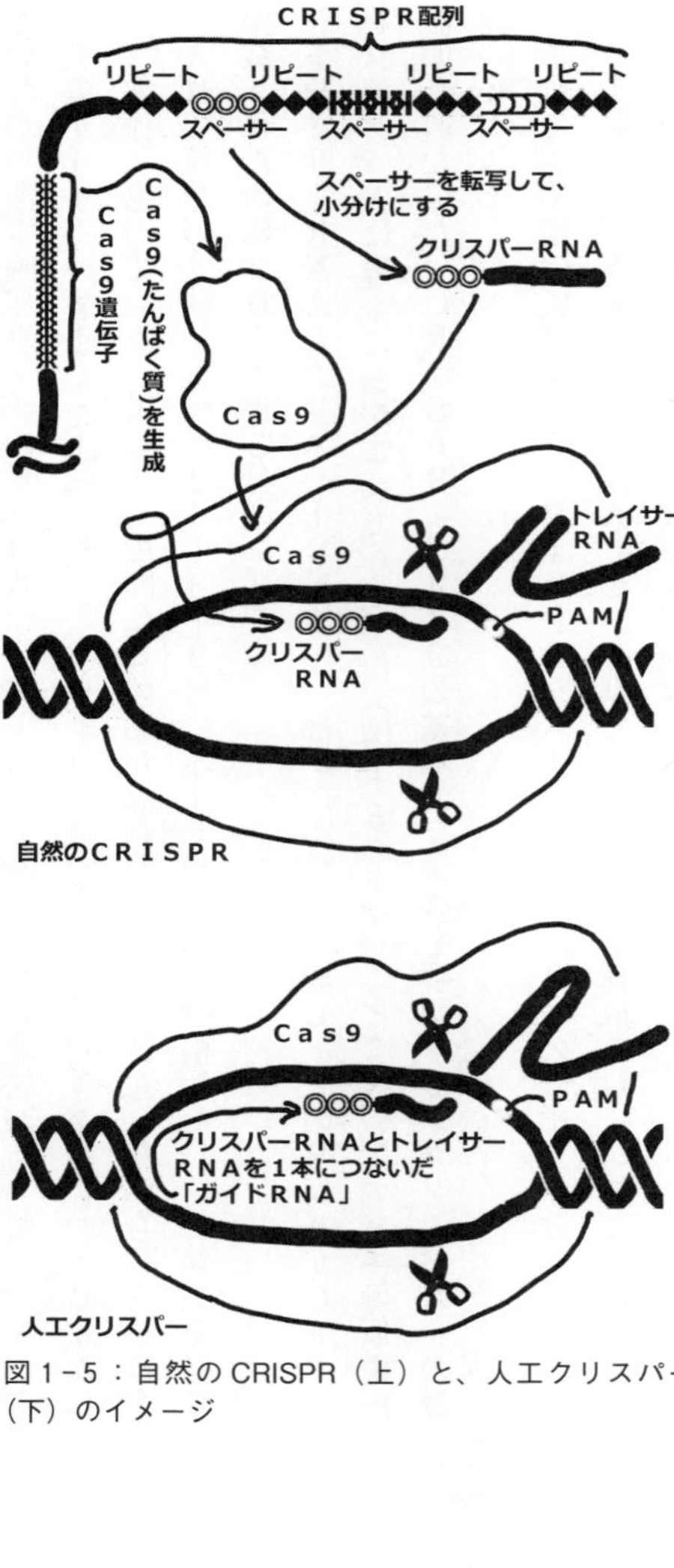

図1－5：自然のCRISPR（上）と、人工クリスパー（下）のイメージ

実験を考えていたからだ。

†「2つのRNAと1つのたんぱく質」

「CRISPR・Cas9の発見については、重要な瞬間が2つありました」。シャルパンティエはニューヨークタイムズのインタビュー（2016年5月30日付）で語っている。ひとつめが、前述した実験で、CRISPR・Cas9による細菌の防御機構が「2つのRNAと1つのたんぱく質でできている」と示した成果だった。

では、もうひとつの重要な瞬間は何だったのか。それは、2つのRNAと1つのたんぱく質からなるCRISPR・Cas9が、どのように標的DNAを切断するのかを実験で示したことだった。その論文は2012年8月のサイエンス誌に掲載された。これが、あらゆる生物の細胞で、標的となるDNAを編集できる人工的なツール「クリスパー・キャス9」を実現に導いた成果だった。

このエポックメイキングな成果をもたらしたのが、シャルパンティエとダウドナの出会いだったのだ。

†二人の出会い

2011年3月、プエルトリコのサンファンで米国微生物学会の学術集会が開かれた。テーマは「RNAによる細菌の制御」。このテーマで開かれる最初の学会だった。

プエルトリコはカリブ海に浮かぶ小さな島で、観光地でもある。米国西海岸から少し足を延ばしてやってきたダウドナは、この島を見て回るのも楽しみにしていた。大西洋を渡ってスウェーデンから参加したシャルパンティエには、観光気分はなかったかもしれない。彼女はひとつの戦略を胸に秘めていたからだ。それは、同じ学会に参加しているダウドナに共同研究を持ちかけることだった。

ダウドナはすでにRNA分野で成功を収め、カリフォルニア大学バークレー校という権威ある大学で大きな研究室を率いる構造生物学者である。シャルパンティエから見れば、研究者としても、業績の上でも、先輩格だった。

シャルパンティエは当時を振り返る。

「私たちはここで自分のデータについて発表しました。セッションが終わったところで、私はジェニファーに声をかけました。CRISPR・Cas9の結晶構造を知りたいと共同研究を持ちかけたのです」

さまざまなインタビュー記事を見ると、「二人はすぐに意気投合した」とある。それは本当なのだろうか。日本国際賞発表の記者会見の日、ダウドナに対する問いに間髪を入れずに「イエス」と答えたのはシャルパンティエだった。それはなにも、ダウドナに迷いがあったということではないだろう。ちょっとお茶目な感じのシャルパンティエと、しっかり者のダウドナの性格の違いというものに違いない。実際、いくつかのインタビューで「エマニュエルの強い熱意が気に入ったのです」とダウドナは語っている。

この出会いをきっかけに、二人は米国西海岸とスウェーデンとで海を隔てた共同研究を始めることになる。実際に実験を中心になって進めたのはそれぞれのラボの若手研究者2人、マーティン・イーネックとクシシュトフ・チリンスキで、彼らは協力してCas9たんぱく質を精製・結晶化して3次元構造を明らかにし、Cas9とクリスパーRNA、トレイサーRNAがどのように働いているかを明らかにしていった。

共同研究チームは分析を重ね、シャルパンティエとダウドナがプエルトリコで出会ってから1年半もたたないうちに、エポックメイキングな論文の公表にこぎつけた。これは、猛スピードで出された成果といっていいだろう。

世紀の「人工ツール」の発表

前述した2012年8月のサイエンス誌の論文には次のことが示された。

(1) クリスパーRNAとトレイサーRNAが複合体を作ってCas9を標的DNAに導き、クリスパーRNAとペアを成すDNAの配列を切断する。

(2) 標的DNAの二本鎖は、それぞれCas9の別の部位によって切断される(Cas9たんぱく質が2つのハサミを持っているイメージだ)。

(3) 場所を特定した切断は、クリスパーRNAの標的配列と、標的配列のすぐそばにあるPAM配列の両方によって決定される。

そして、なんといっても重要だったのは、「クリスパーRNAとトレイサーRNAを人工的につないだRNAも、自然界と同様に標的DNAを切断すること」を確かめ、切断したい標的に応じて「RNAを設計することによって、標的DNAを編集できるシンプルで汎用性《はんようせい》の高いシステムを開発できる」と示したことだった(図1-5の下図)。この人工ツールの開発については、第2章でもう少し詳しく述べることにしたい。

「私は医学微生物学の出身なので、研究室での実験が病気の治療に結びつかないかといつも考えていました」。シャルパンティエは「コールド・スプリング・ハーバー・ラボラトリー・プレス」のインタビューで語っている。小さなRNAについて研究していたシャルパンティエの頭の中には、RNA干渉のように、遺伝子の働きを止める新しい仕組みを見つけようという考えが常にあった。結果的に、DNAを標的にする新しいメカニズムを発見した。それがクリスパー・キャス9だったのだ。

†ダウドナがRNA研究で名声を得るまで

この発表の後、世界から怒濤《どとう》のようにクリスパーを使った研究論文が発表されるようになるのだが、その話に移る前に、ダウドナについても自著『クリスパー』や、所属するカリフォルニア大学バークレー校同窓会のインタビュー記事、ニューヨークタイムズのインタビュー記事などをもとに紹介しておきたい。

ダウドナは1964年にワシントンDCで生まれた。7歳の時に父親がハワイ大学で米国文学を教えることになり家族で引っ越したため、子ども時代のほとんどを過ごしたのはハワイ島のヒロだった。母親は歴史学の講師をしていたというから、科学者の家庭で育ったわけではない。ただ、両親共に科学好きで、子どもたちを博物館に連れて行くなど、科学を身近に感じる環境で育ったようだ。

科学の楽しさに目覚めるきっかけは、ハワイの豊かな自然環境だった。熱帯雨林や海岸を探索し、オジギソウのように触ると葉が閉じる植物のメカニズムに興味をそそられるといった少女時代を過ごしていたらしい。ある夏休みに、家族の友人であるハワイ大学の生物学者が研究室に招いて、実験をさせてくれたこともあった。真菌を樹脂に封じ込め、電子顕微鏡で観察する実験だった。これも科学的発見のおもしろさに目覚めるひとつのきっかけとなった。さらに高校時代にホノルルのがんセンターで教育プログラムを受講した時に、教えてくれた先生が女性科学者だったことも影響したという。

南カリフォルニアのポモナカレッジで化学の学士号をとった後は、東海岸のハーバード大学で大学院生として研究し、1989年に生化学の博士号を取得した。指導教官は、それから20年後にテロメアとテロメラーゼの研究でノーベル賞を受賞したジャック・ショスタクだった（ちなみにテロメアは、染色体の先端にあるDNA配列で、年をとるとともに短くなっていく特徴があり、細胞の老化の指標とも考えられている）。博士論文の研究テーマはRNAで、ちょうど科学者たちがRNAの重要な役割に気づき始めていたころだった。

おさらいをすると、RNAは「リボ核酸」の頭文字をとったもので、DNAの親戚のような分子だ。生命の遺伝情報を担うDNAは、細胞の中で二重らせん構造をとっている。この二重らせんがほどけると、その遺伝情報がメッセンジャーRNAに写し取られる。その情報は、細胞内のたんぱく質合成工場であるリボソームに運ばれる。この情報をもとに、トランスファーRNAと協力し合ってたんぱく質がつくられる、という仕組みだ。

ダウドナがRNAの研究を始めたころ、RNAは単なるDNAの下働きではなく、遺伝子の働きのオン・オフをつかさどるなど、さまざまな役割をもつことがわかり始めた時期だった。その1つが触媒としての働きを持つRNAで、「リボザイム」と呼ばれる。

博士号をとったダウドナは、コロラド大学のトム・チェックのもとでポスドクとしてこのリボザイムの研究を手がけた。チェックはリボザイムの発見でノーベル賞を受賞したばかりだった。ダウドナはチェックとの共同研究でリボザイムを結晶化し、X線解析で立体構造を明らかにする研究を進めていった。リボザイムは非常に大きなRNAで、立体構造の解明は不可能だと考える人が多かったが、彼女はこれに成功し、この分野での名声を得ることになる。

この共同研究はダウドナが1994年にエール大学で准教授のポストを得てからも続き、1996年に共著論文として発表された。2000年に教授に昇進した後、ダウドナはカリフォルニア大学バークレー校にポストを得て、異動する。なぜここを選んだかという理由のひとつは、すぐ近くにローレンス・バークレー国立研究所があり、そこにX線結晶解析のための施設があったからだ。ダウドナが得意とするRNAのX線構造解析を進めるにはまたとない場所だった。

2002年にバークレーに移ってから、ダウドナのテーマはRNA干渉にも広がった。前にも少し述べたように、RNA干渉とは古くから生物が持つ遺伝子の働きをブロックする仕組みで、さまざまな機能を発揮する。たとえば、ウイルスに対する防御、発生のタイミングのコントロール、幹細胞の維持といったことだ。

ダウドナは、RNA干渉で非常に重要な役割を果たす酵素の結晶構造を2006年に明らかにするなど、この分野でも成果をものにしていった。

†ダウドナとクリスパーの縁

このころ、ダウドナはCRISPRについて聞いたこともなかったという。この聞き慣れない単語に触れたのは、2006年、同じ大学の微生物学者ジル・バンフィールドからの一本の電話だった。バンフィールドは酸性度の高い鉱山排水の中の細菌群など、過酷な環境で生きる微生物のゲノムの塩基配列を解読したことで知られる女性研究者で、テーマは、地球惑星科学、環境科学、政策と幅広い。当時、微生物が持つCRISPR配列について関心を持ち、RNA干渉に詳しい研究者を探す中でダウドナに連絡してきた。CRISPRの働きに、RNA干渉と似たところがあるのではないかと考えていたからだ。ヒトの細胞におけるRNA干渉に研究の軸足を移していたダウドナは、動物や植物の細胞でR

NA干渉がウイルスから身を守る防御機構として働いていることは知っていた。でも、細菌とファージの関係や防御機構については素人同然だったようだ。

CRISPRについて短期集中的に勉強したダウドナは、直感と好奇心に基づいて、これが取り組むべきテーマであると気づいた。しかも、ちょうど研究室の採用面接に訪れた大学院生がCRISPRに興味を持っていたという幸運にも恵まれ、研究に着手することができた。

それからほどなく公表されたのが、前述したダニスコ社のチームの重要な実験である。細菌がファージの感染から身を守るための免疫機構をCRISPRが担っていることを実証したのだ。2008年には、オランダのワーヘニンゲン大学チームによる「ファージの塩基配列がクリスパーRNAに転写されCasたんぱくを標的DNAに導く」という発見、ノースウェスタン大学チームによる「クリスパーRNAの標的はDNAである」という発見が続く。

こうして見ると、CRISPRの防御機構は確かにバンフィールドが考えたように高等生物のRNA干渉に似てはいたが、DNAを標的とする点で決定的な違いがあった。この特徴が、すべての生物のDNAを思い通りに編集できる「人工クリスパー」の開発にもつながっていくことになる。

†3つの要素と切断メカニズム

プエルトリコの学会でシャルパンティエとダウドナが出会った2011年の春、両者が興味を持っていたCRISPRは、それぞれタイプの違うものだった。

ここまで、CRISPRの免疫機構があたかもひとつの機構であるように書いてきたが、実は、たくさんの種類がある。Casたんぱく質の違いや、働き方の違いに応じて、いくつもの型に分類されているからだ。当初のダウドナの関心はそのうちのI型と呼ばれるものだった。一方、シャルパンティエの関心は化膿レンサ球菌が持つCRISPRII型の免疫機構にあった。

ちょうどその年、シャルパンティエはこのII型のCRISPR機構でクリスパーRNA（crRNA）とともに働く第2のRNA、トレイサーRNA（tracrRNA）を発見したところだった。シャルパンティエからⅡ型の話を聞いたダウドナは、すぐに興味を持ち、共同研究へと発展していった。彼らがめざしたのは、化膿レンサ球菌のCRISPR機構が、具体的にどのように働いて標的DNAを切断しているかを明らかにすることだった。

それぞれのラボの若手研究者2人が中心になって実験を重ね、「クリスパーRNA、トレイサーRNA、Cas9たんぱく質」という3つの要素が必要十分であることが改めて確かめられた。さらに、実験を進めてわかったのは、第1章でも述べたように、次のような標的DNAの切断メカニズムだった。実際にはもう少し複雑な過程だが、単純化するとこんな感じになる（図1-5の上図参照）。

（1）細菌のDNAのCRISPR配列から、過去に感染したファージの配列を持つクリスパーRNAが転写されてできる。
（2）これとは別の配列から転写されてできるトレイサーRNAと、クリスパーRNAが、Cas9たんぱく質とともに複合体を作り、クリスパーRNAと同じ配列を持つファージのDNAの場所に導く。
（3）Cas9がファージのDNAの二本鎖を切断する。

さらに重要な発見は、クリスパーRNAの配列を変えると、その配列とマッチするDNAの配列を見事に切断することができる、ということだった。

†万能DNA切断マシンの汎用性

これが示すことは何か？　クリスパーRNAの配列を人工的に設計してやれば、狙ったDNAが切断できる、ということだった。しかも細菌のDNAに限らず、動物のDNAでも、植物のDNAでも、同じように働く「DNA切断マシン」ができるはずだ。シャルパンティエとダウドナの研究チームは、当然のことながら、これに気づいた。

そこで彼らが行ったのは、細菌が持つこの機構のエッセンスを取り出して、シンプルで使いやすいツールに仕立て上げることだった。まず行ったのは、細菌では2つの断片として働くクリスパーRNAとトレイサーRNAを1本につなげて働かせることができないか、確かめることだった。もくろみは、うまくいった。前述したように、この「クリスパーRNA+トレイサーRNA」は、クリスパーを標的まで導く案内役（ガイド）となるので、「ガイドRNA」（gRNA）と呼ばれる（図1-5の下図参照）。

次に、2つのRNAをつないだ1本のガイドRNAが、本当に狙ったDNAを切断してくれるかどうかを確かめる必要があった。彼らがたまたま選んだのはクラゲの緑色蛍光たんぱく質（GFP）遺伝子だった。下村脩《しもむらおさむ》がオワンクラゲから発見した発光遺伝子で、2008年のノーベル化学賞受賞に結びついたものなので、聞いたことがある方も多いだろう。さまざまな実験に欠かせない遺伝子として世界中で使われていたため、ダウドナの研究室にも常備されていた。彼らはこのクラゲ遺伝子のDNAの中から5種類のDNA配列を選び、これと一致する配列を持つクリスパーRNAを設計した。

そして、5種類のクリスパーRNAとトレイサーRNAをつないだ5種類のガイドRNAを作り、これをCas9と合わせ、本当に狙った配列を切断できるか試してみた。この実験もうまくいった。彼らはどんな生物でも狙ったDNA配列を切断できる人工的なツールを手に入れたのだ。

第1章でも述べたように、このゴールデンコンビの共同研究の成果はサイエンス誌のオンライン版に2012年6月28日に掲載された。科学論文は最初に「アブストラクト」（概要）があり、研究成果の重要なポイントが述べられる。この論文の主題は「自然界で細菌がどのようにウイルスの感染から身を守っているか」、その防御機構の解明だった。概要でもまず自然の機構の解明が述べられているが、その応用の可能性がはっきりと記された。本文の最後にも、RNAでプログラムできる人工クリスパー・キャス9システムが、非常に効率的で汎用性《はんようせい》があり、「これまでの遺伝子標的技術やゲノム編集に取って代わる潜在力がある」と述べている。

科学界の注目を集めたのは、この応用編の方だった。米サイエンス誌が、この研究を2012年の「ブレークスルー・オブ・ジ・イヤー」の1つに選んだのも、その潜在力に着目したからだろう。

†ブロード研チームがヒト細胞で参戦

シャルパンティエとダウドナのエポックメイキングな論文が発表されてから1年とたたない2013年1月、米東海岸にあるブロード研究所（マサチューセッツ工科大学とハーバード大学の共同組織）の研究チームが、さっそく人工クリスパーを哺乳動物の細胞に応用した結果をサイエンス誌に発表した。研究チームのリーダーは中国系アメリカ人のファン・ジャン。この論文で彼らは、2種類のクリスパー・キャスのシステムを設計し、ヒトとマウスの細胞で狙った標的遺伝子を切断できることを示していた。また、相同組み換え修復がうまくできるクリスパーや、一度に複数の標的を切断できるクリスパーの作製に成功したことも示している。こうしたことが可能になると、基礎科学だけでなく、バイオテクノロジーや医療に応用が広がるとの期待も語っている。

サイエンス誌の同じ号には、ハーバード大学のジョージ・チャーチの研究室も、ヒトの細胞でクリスパーを働かせることに成功したとの成果を公表していた。

チャーチは、ゲノム研究の世界では名の通った遺伝学者であり、生化学者でもある。人間の全遺伝情報を解読するヒトゲノム計画にかかわった経歴があり、最近では生物のゲノムを一から合成する合成生物学のプロジェクトやマンモス再生プロジェクトなどに積極的にかかわり、話題を提供し続けている科学者だ。遺伝子を自在に操る可能性を秘めたクリスパーの研究に参入するのは当然のことだっただろう。

シャルパンティエらの発見で、人工クリスパーが哺乳類の細胞でも働くことは十分に予想されたが、これらの論文は実際にそれを実験で示した成果として注目された。ジャンのチームの研究はのちにダウドナらとの間で激しい特許争いへと発展していくのだが、この時はまだ、研究の進展に皆が興奮していた時期だろう。

ダウドナ自身のチームもヒトの細胞で人工クリスパーが働くことを示し、ソウル大学のチームや、ロックフェラー大学のチームがこれに続いた。これらの論文ではヒトの細胞やマウスの細胞だけでなく、ゼブラフィッシュの受精卵もゲノム編集できることが示された。

さらに、5月にはMITのルドルフ・イェーニッシュとジャンのチームがクリスパーを使ってマウスの受精卵を編集したという論文をセル誌に発表した。体細胞ではなく、哺乳類の受精卵というところがミソだ。イェーニッシュは再生医療研究の世界で名の通った有名人で、日本にも何回か来て講演している。一度インタビューをしたことがあるが、やや取っつきにくく、派手さはないものの着々と重要な研究を進める手堅い人物、というのが私の印象だ。クリスパーを使ったマウスの受精卵の編集で一番乗りする、というのも、いかにもイェーニッシュらしい。

マウスの受精卵の遺伝子改変は、生命科学実験の要《かなめ》のひとつでもあり、これを、「正確に、簡便に、安くできるかどうか」は、この世界を大きく変える可能性があったからだ。

†マウスの遺伝子改変

マウスは、生命科学や医学の実験で使われるもっともポピュラーな動物である。私自身、大学生時代の学生実習では、最初にマウスの扱い方を教わったことを思い出す。

マウスの体内で特定の遺伝子を変化させると、どんなことが起きるのか。病気の原因となる遺伝子を操作すれば、病気のモデルとなる動物を作り出せるのではないか。そんな考えに基づき、マウスに外来の遺伝子を導入する初めての試みが１９７４年に行われた。この実験を実施したのがイェーニッシュだった。

外来の遺伝子を導入した受精卵をメスマウスの子宮で育てて出産させると、体中の細胞にこの外来遺伝子を持つマウスができる。こうしたマウスは「トランスジェニック・マウス」（transgenic mouse）と呼ばれる。trans- は、「変換する」といった意味なので、gene（遺伝子）を変えたマウスということになる。

イェーニッシュの最初の実験は初期胚にウイルスを使って遺伝子を導入したもので、その遺伝子は期待通りに働かなかったようだが、その後、ガラスピペットを使った遺伝子導入法を米国のジョン・ゴードンが開発し、各国の研究室でたくさんのトランスジェニック・マウスが生み出されることになる。

有名なトランスジェニック動物として知られるのは、通常の2倍もの大きさに育った「スーパーマウス」だろう。1982年12月に米国のチームがネイチャー誌に発表した実験で、マウスより一回り大きいラットの成長ホルモンの遺伝子を導入して作った。しかも、その遺伝子はマウスの子孫にも伝わることが確かめられた。ネイチャー誌の表紙を飾った普通のマウスとスーパーマウスを並べた写真は、科学界にも一般社会にも大きなインパクトを与えた。当時の米国の新聞には「スーパーマウスができるのなら、スーパー牛やスーパー豚、それにスーパー人間だってできる可能性がある」といった言葉が登場する。スーパーマウスがもたらした期待と不安は大きかった。

ただし、こうして作るトランスジェニック・マウスには弱点があった。付け加える遺伝子がマウスのゲノムのどこに入るか、コントロールできないのだ。言い換えると、ランダムな遺伝子導入しかできない、ということになる。

そこで次に登場したのが、標的とする遺伝子を操作する技術である。ターゲットとする遺伝子を操作するため、この世界では「遺伝子ターゲティング」と呼ばれる。日本語にすれば「標的遺伝子組み換え」といったところだろう。中でも、特定の遺伝子だけを壊した「ノックアウト・マウス」が生命科学研究で重要な役割を担ってきた。

†標的遺伝子組み換え

思い起こせば、私がこの遺伝子ターゲティングの方法を初めて学んだのは、MITに留学していた1980年代の終わりのことだった。ノートに次々と図を書いて教えてくれたのは、現在がん研究所の所長を務める野田哲生である。当時、イェーニッシュのラボで客員研究員として仕事をしていた。

イェーニッシュの研究室でも多くの研究者がこうした標的遺伝子組み換えを研究していたが、この方法の開発に最初に成功したのはマリオ・カペッキ、オリバー・スミシーズ、マーティン・エバンズの3人だった。彼らは2007年にノーベル賞を受賞している。最初の論文は1989年に発表され、イェーニッシュらもこれに続いた。当時は気づいていなかったが、MITで野田から教わったのは、まさに生まれてほやほやの技術だったということになる。

当時、マウスで標的遺伝子組み換えを実現するには、2つのことを解決する必要があった。まず、30億に上るマウスゲノムの塩基対の中から、標的遺伝子だけを組み換える方法の開発。そして、その組み換えが次世代まで伝わっていくようにすることだ。前者を開発したのがカペッキとスミシーズ、後者を開発したのがエバンズだが、この仕組みを理解するためには3つのキーワードを知る必要がある。「ES細胞」「キメラマウス」、そして「相同組み換え」だ。

†相同組み換えと遺伝子シャッフル

第1章の復習をすると、私たちのDNAは二重らせん構造で、染色体の形で細胞核の中に畳み込まれていて、染色体は2本で1対のペアを形作っている。ペアの片方は母親から、もう片方は父親から受け継ぐ。このペアを「相同染色体」と呼ぶ。

相同染色体同士の間では、ペアを成す対立遺伝子の間で配列の交換が起きることがある。これが「相同組み換え」で、卵子や精子ができる過程で起きることが知られている。

卵子や精子ができるときには、減数分裂と呼ばれる特別な分裂が起きて、通常の体細胞

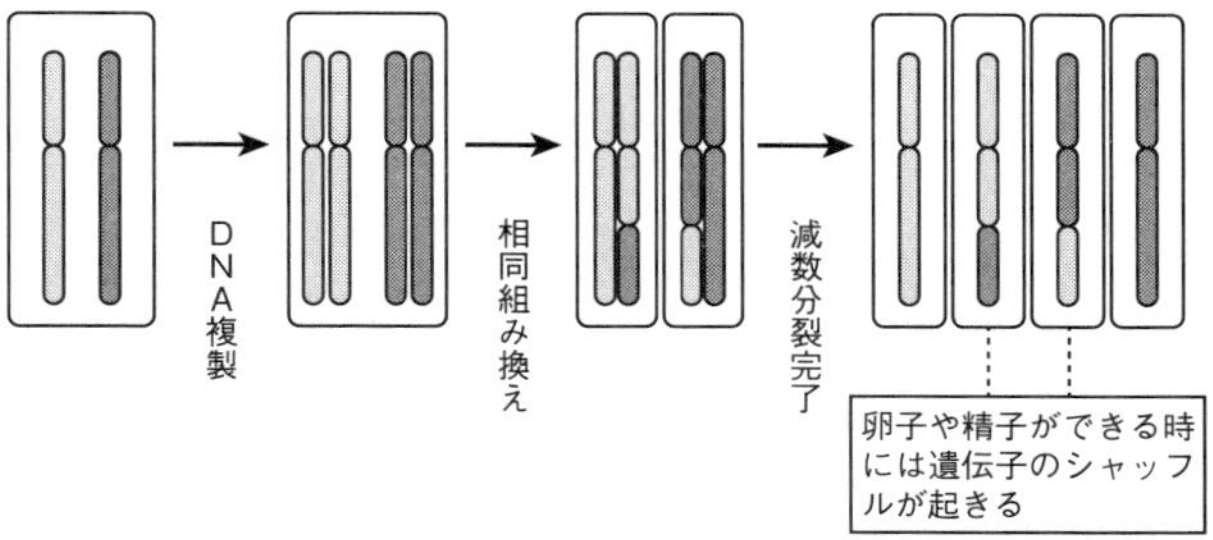

図2－1：減数分裂における相同組み換えの仕組み

の半分のＤＮＡがそれぞれに分配される。この時に、ペアを成す相同染色体同士の間で相同組み換えによる遺伝子のシャッフルが起きる（図2-1）。

　この遺伝子のシャッフルは、人間であれ他の動物であれ、「遺伝子の配列が同じ個体を（事実上）二度と再び生み出さない」ということにつながり、生物の遺伝的な多様性を生み出す原動力ともなっている。

　ちなみにクローン人間作りに対する批判のひとつは、遺伝子配列が元の人間と同じであることがあらかじめわかっている個体を生み出すことであり、これが「人間の尊厳に反する」と考えられている。

　相同な配列同士の組み換えは進化的に保存されている仕組みで、50年前にはレダーバーグがバクテリアで起きていることを発見し、１９５８年のノーベル賞を受賞している。

　マリオ・カペッキとオリバー・スミシーズは、こうした相同な配列同士の組み換えが体細胞でも起きれば、哺乳類の細胞で狙った遺伝子を改変できるだろうと考えた。外から導入したい遺伝子やDNAが相同組み換えを起こして標的遺伝子と組み換わるように細工して、細胞の核に入れるというアイデアだ。

カペッキはまず、傷ついた遺伝子がDNAの相同組み換えによって修復できることを哺乳類の細胞で示した。さらに、この技術が標的遺伝子をノックアウトできることにも気づいた。スミシーズは、相同組み換えを使うことでヒトの遺伝性疾患を治せないかと考えて実験し、変化させたDNAをヒトの培養細胞のDNAに導入することに成功した。

ただ、この時にはランダムな導入もたくさん起きるので選別が必要になる。しかも彼らが用いた細胞では、標的遺伝子を変化させた動物そのものを作ることはできなかった。そのために必要だったのが、「ES細胞」だ。

†ES細胞＝万能細胞

「ES細胞」は日本語では「胚性幹《はいせいかん》細胞」。受精卵を壊してつくる細胞で、さまざまな細胞に変化できる性質があることから「万能細胞」と呼ばれることもある。再生医療の切り札とも言われてきた細胞なので、ご存じの方も多いだろう。受精卵が卵割を繰り返し、胚盤胞と呼ばれる段階まで育ったところで、中の細胞の塊を取り出して培養して作る（第4

章図4-3参照)。

エバンズは望みの遺伝子をマウスの生殖系列細胞に導入する方法を考えていて、マウスのES細胞作りに成功した。さらに、ある系統のマウスの受精卵に、別の系統のマウスのES細胞を注入して育てることによって、ES細胞由来の遺伝子が生まれてくる子どもにまで伝わることを示した。

ここで登場するのが「キメラマウス」だ。

†キメラマウスから標的遺伝子改変マウスへ

キメラとはギリシア神話に出てくる怪物で、頭はライオン、体は羊、そして尾は蛇という異形のものだ。生物学の世界でいうキメラはここまで異形のものである必要はなく、異なる種類の親に由来する細胞が入り交じった生物のことをいう。ニワトリとウズラのように、種の異なる生物という場合もあるし、系統の違うマウス同士ということもある。

たとえば、マウスの受精卵AからES細胞を作り、別の受精卵Bが少し育った胚盤胞に入れて、代理母マウスの子宮で育てる。すると、AとBの細胞が交じったキメラマウスが生まれる。

ES細胞は、どんな細胞にも変化できる万能細胞なので、キメラマウスの卵子や精子にもＥＳ細胞由来のＡの細胞が入る。もし、事前にＥＳ細胞の特定の遺伝子を操作しておくことができれば、その遺伝子は卵子や精子にも伝わる場合がある。そうしたキメラマウスを普通のマウスと掛け合わせると、体中の細胞で相同染色体の片側の標的遺伝子が操作されたマウスを誕生させることができる。さらにこうした遺伝子改変マウス同士をかけ合わせることで、相同染色体の両方の標的遺伝子が操作された「標的遺伝子組み換えマウス」ができる（図2-2）。この事前の操作に使われるのが、カペッキやスミシーズが取り組んでいた「相同組み換え」だ。

こうして、遺伝子ターゲットに必要なパズルのピースがそろった。なかなか複雑で手間暇のかかるプロセスだが、１９８９年には、これらを組み合わせた標的遺伝子組み換えマウス作製の成功が複数のチームから報告された。そのひとつがイェーニッシュのラボだった。

†望みのノックアウトマウスまでの苦難の道

この手法を使えば、標的遺伝子を破壊した「ノックアウトマウス」も、標的部分に遺伝子を挿入した「ノックインマウス」も、作製できる。

このうち主として作られてきたのはノックアウトマウスだ。働きのわからない遺伝子を

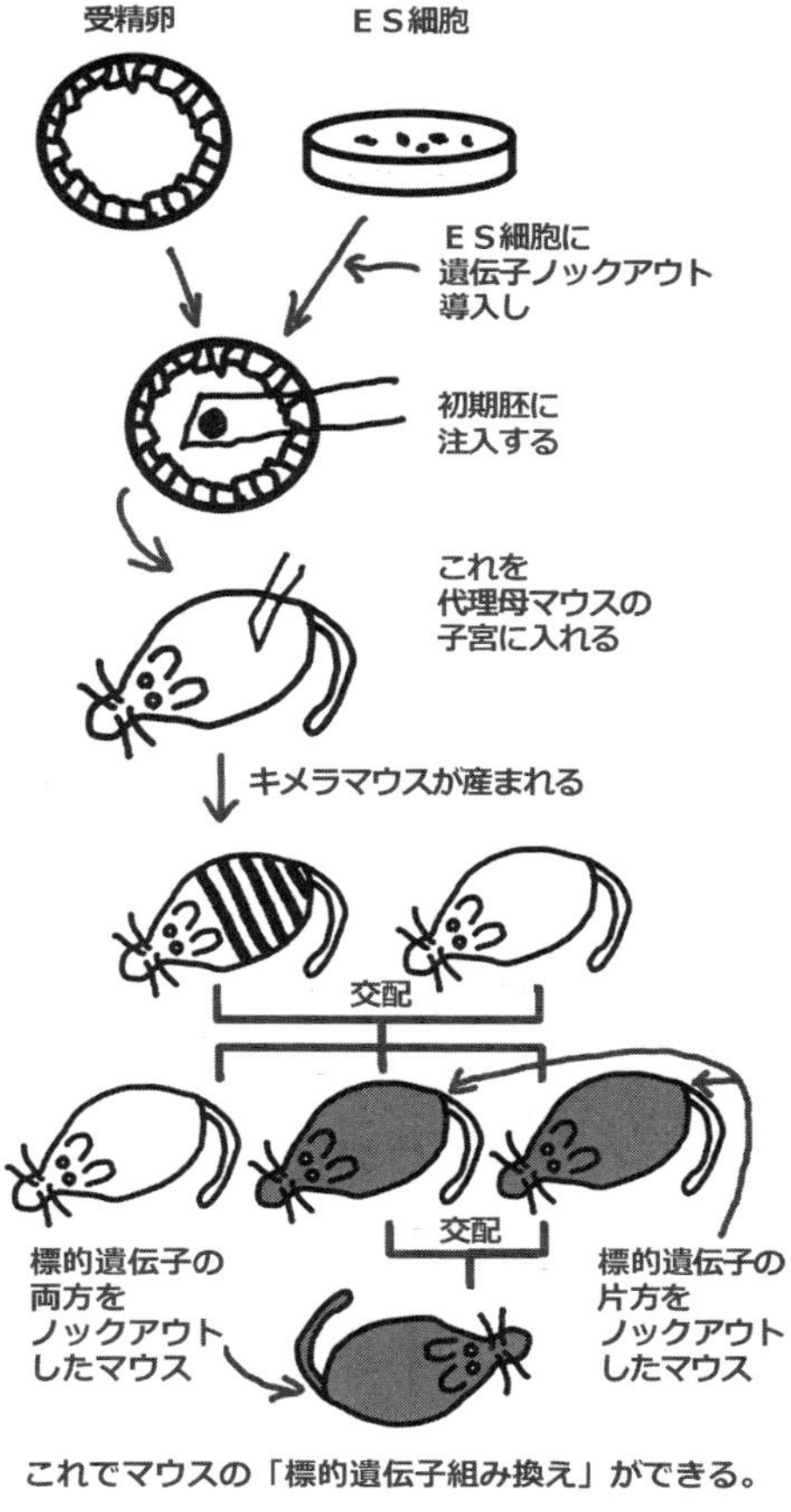

図２－２：ES 細胞とキメラマウス、遺伝子標的マウス

壊したマウスを作れば、その遺伝子の働きがわかるからだ。また、遺伝子を壊すことで、病気のモデルマウスを作ることもできる。

ただし、これは簡単な作業ではない。こうして手順を書いているだけでも複雑だが、ここで相同組み換えが起きる確率は、ランダムな遺伝子導入に比べ、1000分の1程度。実際に作るには、相当に手間暇がかかる。一般に言われるのは、「1つの遺伝子を壊したノックアウトマウスを作るのに1年半以上かかる」ということだ。

それでも、ノックアウトマウス作りは世界で急速に進んだ。カペッキ、スミシーズ、エバンズの3人がノーベル賞を受賞した2007年の時点で、すでに数千の遺伝子がノックアウトされ、循環器疾患や神経変性疾患、糖尿病、がんなど、500以上の人間の病気のモデルマウスが作られていた。

以上、前置きが大変長くなったが、従来の標的遺伝子組み換えマウス作りが、そう簡単なものではないことがわかっていただけただろうか。しかも、この方法にはES細胞が欠かせない。有効なES細胞が作製できる動物は限られているにもかかわらず、だ。

だからこそ、クリスパーの登場は科学の世界を変える「ゲーム・チェインジャー」であったわけだ。

†「複数遺伝子の改変が1カ月でできる」！

それまでの苦労を熟知しているイェーニッシュが、クリスパーの登場を見過ごすはずはなかった。2013年5月、イェーニッシュのチームがいち早くセル誌に発表した論文のタイトルは「複数の遺伝子変異を持つマウスをクリスパーを使ってワンステップで作製する方法」。この「ワンステップ」と「複数の遺伝子変異」という言葉が、従来の標的遺伝子組み換えとの違いを際立たせている。

イェーニッシュのチームは、マウスの受精卵に複数の異なるガイドRNAを組み込んだ複数のクリスパーを導入、これを母マウスの子宮で育てることによって、狙った複数の遺伝子を編集することに成功したのだ。ES細胞と相同組み換えを使った標的遺伝子組み換えが、手間も時間もお金もかかる操作だったのに比べると、あっけないほどに簡単な方法だった。

「従来の方法だと、1つの遺伝子を改変したマウスを作るだけで6カ月から1年以上かかった」「今回の方法を使うと、複数遺伝子の改変が4週間でできる」。イェーニッシュのチームの書きぶりからも、ゲノム編集への期待が伝わってくる。

†数分間のコンピュータ操作と、数十ドルのコスト

ここで、どのように人工クリスパーで遺伝子を編集するのかを改めてまとめておきたい。

①まず、標的とする遺伝子にハサミ役のキャス9を導く「ガイドRNA」を設計する。さまざまな標的遺伝子に対するガイドRNAの基本構造は一定で、約20塩基の部分だけを標的遺伝子に応じて作り変えればいい。

②次に、このテーラーメイドのガイドRNAとキャス9たんぱく質を作るDNA(もしくは、ガイドRNAそのものと、キャス9たんぱく質そのもの)を、細胞内に送り込む。

③ガイドRNAはキャス9と複合体を形成し、細胞のゲノムの中から標的遺伝子の場所を探し出してくっつく。

④すると、キャス9が、標的DNAの二重鎖を切断する。

⑤切断されたDNAは、細胞が持つ修復機構によって再びつなげられる。この時に、高い確率で修復エラーが起きる。余分な配列が入ってしまったり、必要な配列が欠損してしまったりする(第1章で述べた通り、専門的には「非相同末端結合修復」と呼ばれる)。

⑥その結果、標的遺伝子の機能が失われる。

これをマウスの受精卵に使えば、「ノックアウトマウス」ができる。

標的遺伝子を別の遺伝子と入れ換えたいと思ったら、目的の遺伝子の鋳型をガイドRNAやキャス9とともに細胞の中に入れてやればいい。そうすると、⑤のような修復が起きる代わりに、切断部分に望みの遺伝子を入れることができる（「相同組み換え修復」）。これが遺伝子の「ノックイン」だ。

ノックアウトに比べるとノックインの効率は高いとは言えないが、それでもES細胞を使っていた時代に比べると、雲泥の差だろう。

しかも、人工クリスパーの設計は簡単だ。「ほんの数分間のコンピュータ作業でクリスパーを設計することができ、コストは数十ドルだった」とダウドナは自著『クリスパー』の中で語っている。

†「ゲーム・チェインジャー」クリスパーの威力

こうしてクリスパーが標的遺伝子を簡単に編集できることがわかると、これを利用して編集される生物の種類は次々と増えていった。

これまでさかんに遺伝子ノックアウトが作られてきたマウスだけではない。ラット、サル、ブタ、ニワトリ、カエル、ゼブラフィッシュ、ショウジョウバエ、イネ、出芽酵母――。これまでES細胞が作れないために、標的遺伝子組み換えができなかった生物も含め、なんでもござれとなったわけだ。

こうなれば当然、登場するのが人間への応用である。

次の章ではまず、体細胞に対する遺伝子治療をゲノム編集がどう変えようとしているのかを見ていくことにしたい。

第3章 遺伝子治療をこう変える

†4歳児への日本初の試み

日本で初の遺伝子治療が行われたのは、1995年8月1日のことである。場所は札幌市にある北海道大学医学部付属病院。患者は4歳の男の子で、生まれた時からADA欠損症と呼ばれる稀な遺伝性疾患にかかっていた。

ADAはアデノシンデアミナーゼと呼ばれる酵素の頭文字である。男の子の細胞にあるADA遺伝子には変異があり、この酵素がうまく作れない。その結果、重症の免疫不全に陥っていた。治療の第一選択は骨髄移植だが、男の子には骨髄の提供に適した血縁者がいなかった。人工的なADA薬を注射する治療も行っていたが、効果は限られていた。「このままでは、おたふく風邪にかかっても命が危ない」。そんな切迫した状況で医療チームが選んだのが遺伝子治療（正確に言えば遺伝子治療の臨床研究）だった。

これが世界初の治療というわけではない。遡ること5年前の1990年9月14日、米国の国立衛生研究所（NIH）の病院で世界初のヒトを対象とする遺伝子治療の臨床研究が実施された。患者は4歳の女の子で、北大の患者と同様、ADA欠損症を発症していた。

遺伝子治療を手がけたのは、NIHの「心肺血液研究所」のフレンチ・アンダーソンと米国立がん研究所のマイケル・ブレーズ。次に、同じ病気の9歳の女児にも同様の治療が試行された。北大のチームは、先行する米国の遺伝子治療を参考に、同じ方法で自分たちも手がけてみようと考えたのだ。

チームは男の子から採取された血液の中のTリンパ球をターゲットに、正常なADA遺伝子を組み込み、再び男の子の体内に戻した。遺伝子が組み込まれたTリンパ球は身体の中で不足しているADAを作り出し、男の子は普通の生活が送れるまでになった。ただ、リンパ球には寿命があり、徐々に治療効果が落ちていったため、2004年には血液細胞のもとになる血液幹細胞にADA遺伝子を導入する遺伝子治療を再び実施している。

†従来の遺伝子治療

日本初の遺伝子治療臨床研究を振り返ったところで、「遺伝子治療とは何か」について、簡単におさらいしておきたい。

1990年代に始まった従来型の遺伝子治療は、一言で言えば「疾病の治療や予防を目的として遺伝子又は遺伝子を導入した細胞を人の体内に投与すること」をいう。この定義は、厚生労働省の「遺伝子治療等臨床研究に関する指針」より拝借したものだ。

遺伝子治療は大きく分けて、北大のケースのように「患者の身体から細胞をいったん取り出し、そこに治療用の遺伝子を組み込んで、体内に戻す」方法と、「治療用の遺伝子を直接体内に投与する」方法とがある。前者を「ex vivo（体外）遺伝子治療」、後者を「in vivo（体内）遺伝子治療」と呼ぶ。

余談だが、科学実験の世界では、「in vivo」か、「in vitro」かの区別が重要になる。vivo はラテン語で生体内、vitro は試験管の中を意味する。たとえば、ある薬剤が vitro で効果があったとしても、vivo で効果があるかどうかはわからない、というのは科学の世界では常識だ。ちなみに、「in silico」といえば「シリコン内で」の意。すなわちコンピュータ上で行う生物実験のことをいう。

遺伝子治療に話を戻すと、ex vivo であれ in vivo であれ、重要なのは遺伝子を細胞に導入する「ベクター」、すなわち「遺伝子の運び屋」だ。主として使われてきたのはウイルスを改変したベクターで、北大も使ったレトロウイルスベクターを皮切りに、アデノウイルスベクター、アデノ随伴ウイルス（AAV）ベクター、レンチウイルスベクターなどが開発された。こうしたベクターには一長一短がある。細胞核の染色体に組み込まれるか否か、遺伝子がどのくらいの期間働くか、発がんなどの危険性はないかといった点で、それぞれ特徴が異なるからだ。

対象とする疾患も、当初はADA欠損症のように、1つの遺伝子の故障が病気を引き起こす「単一遺伝子病」が中心だったが、その後、がんや感染症へと広がった。2017年の時点では、がんを対象とする遺伝子治療が全体の6割以上を占め、単一遺伝子病が1割、ついで感染症や心血管疾患がそれぞれ1割弱となっている。単一遺伝子病では、出血が止まりにくい血友病や、重度の貧血を起こすベータサラセミアなども対象となってきた。

†臨床研究の紆余曲折

遺伝子治療の20年余りを振り返ると、最初の期待通りには行かなかった、というのが私の感想である。それは、専門家から見ても同様であるようだ。遺伝子治療学を専門とする大阪大学の金田《かねだ》安史《やすふみ》によれば、1990年代は遺伝子治療の「夜明け」の時代で、大きすぎる期待に技術が追いつかない状況だった。

当時、世界的に承認された遺伝子治療臨床研究の数は、ジーン・メディスン誌によると、1995年に67件、97年に82件、99年には116件と伸びてはいるものの、顕著な効果があったとは言いがたかった。

1999年には米国でアデノウイルスベクターの大量投与で18歳のゲルシンガーが死亡する事故「ゲルシンガー事件」が起き、これをきっかけに、遺伝子治療は「低迷期」に入る。2000年にはフランスで、ADA欠損症とはまた違う重症の免疫不全「X-SCID」の遺伝子治療で初めての成功例が報告されたものの、2002年には、その遺伝子治療を受けた患者が次々と白血病を発症するという重大事故が起きてしまう。

ここで使われたベクターは、ADA欠損症と同様に、レトロウイルスベクターである。レトロウイルスとは、感染した相手の細胞の核のDNAに自分自身の遺伝子を組み込む性質を持つウイルスである。治療目的の遺伝子が治療対象とする細胞の染色体に組み込まれるために効果が長続きするという利点がある一方、DNAのどこに組み込まれるかはコントロールできない。このため、組み込まれる位置によっては細胞をがん化する危険があることは、遺伝子治療の代表的な懸念材料だった。それが現実になってしまった衝撃は大きかった。当時、「これで遺伝子治療は終わりになってしまうかもしれない」と感じたのを思い出す。

こうして2000年代にいったん停滞した遺伝子治療だが、2011年以降、再び盛り返し、定着していくことになる。「長年培われてきた基盤技術が開花し、安全性の高いベクターの開発や、推進体制の整備が進み、多くの成功例が相次いで報告されるようになった」と金田は分析する。ただ、2017年後半には高額医療費の問題が顕在化してきているようだ。

日本での注目度は下がってしまったが、世界的にみると、2017年までに累計2600件近くの臨床研究が実施されてきた。ジーン・メディスン誌によると、日本国内では北大で行われた初の遺伝子治療臨床研究以来、40件を超える臨床研究が実施された。国立医薬品食品衛生研究所の独自の調査によると、2018年1月時点で66件の臨床試験が承認されている。

新しいタイプの遺伝子治療も登場した。がんを対象としたCAR-T細胞治療だ。患者の体内から免疫細胞の一種であるTリンパ球を取り出し、がん細胞への攻撃力を高めて体内に戻す、というのがその戦略だ。

「がん免疫療法」の考え方自体は以前からあり、体外に取り出したリンパ球にさまざまな刺激を与えて活性化して体内に戻すといった方法が試みられてきたが、期待された効果を得ることはむずかしかった。

CAR-Tが従来のがん免疫療法と違うのは、Tリンパ球を遺伝子操作している点だ(ゲノム編集しているわけではない)。「キメラ抗原受容体」(CAR)と呼ばれる受容体の遺

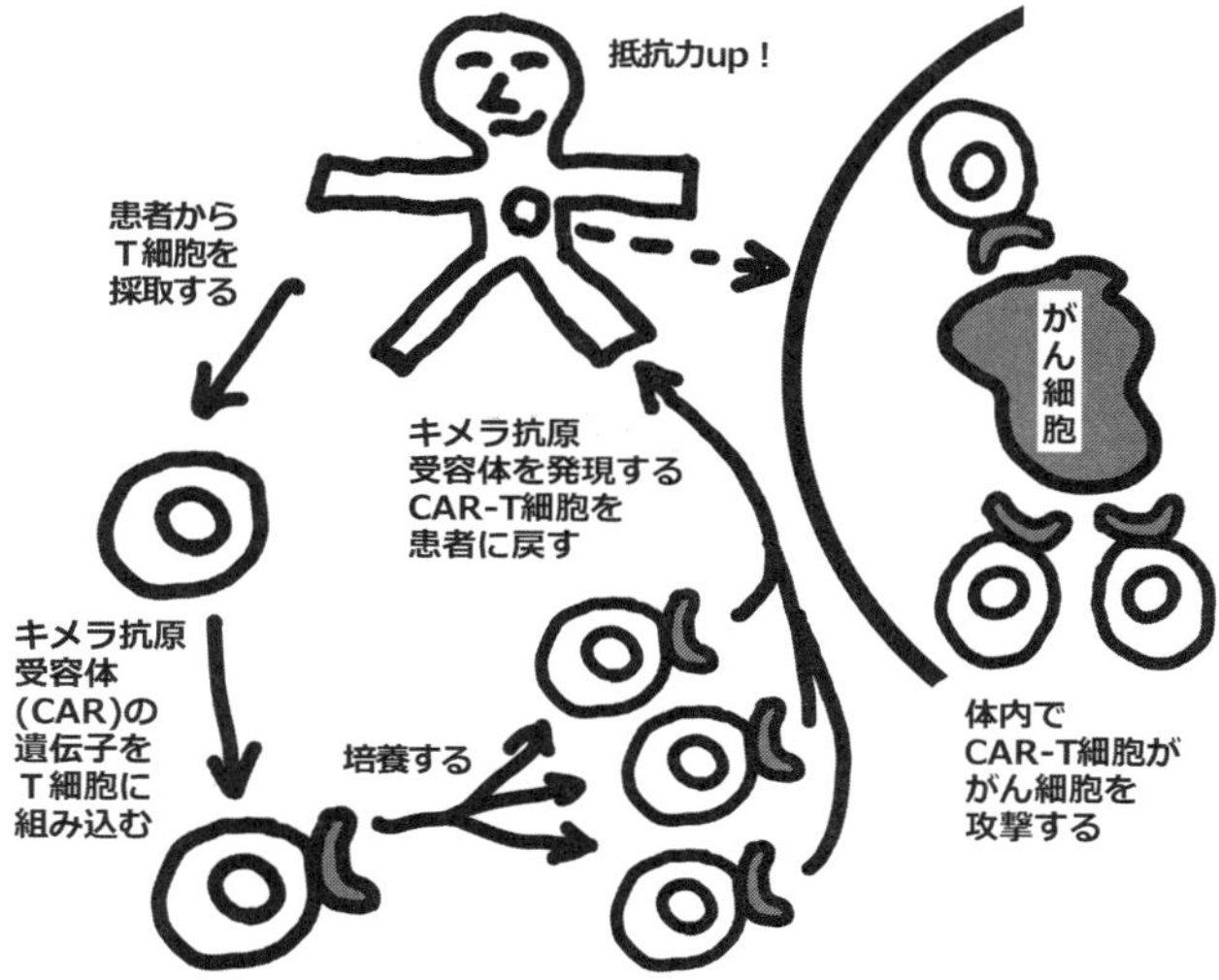

図3-1：CAR（キメラ抗原受容体）－T細胞治療の仕組み

伝子を導入し、Tリンパ球の細胞の表面に、がん細胞を見分けてくっつく受容体を発現させる（図3-1）。CARが働くと、T細胞ががん細胞を認識しやすくなる。このためCARは「がん細胞を探索するレーダーのような働きをする」ともいわれる。がん細胞を認識したT細胞は活性化されて、がん細胞を攻撃する、という仕組みだ。

さまざまな遺伝子治療が試みられる間に、使われるベクターも変わってきた。当初、単一遺伝子病の ex vivo の遺伝子治療ではレトロウイルスベクターが主流だったが、レンチウイルスベクターが使われるようになった。in vivoの治療では、AAV（アデノ随伴ウイルス）ベクターが主流になっているようだ。

†遺伝子治療薬の商品化

こうした臨床研究の中から、実際に遺伝子治療薬として商品化されるものも出てきた。2012年11月には、先進国で初の遺伝子治療薬が欧州で承認された。グリベラ社が開発した治療薬で、対象疾患はリポたんぱくリパーゼ欠損症と呼ばれる先天性代謝異常だ。治療薬にはリポたんぱくリパーゼ遺伝子を含むAAVベクターが使われている。

2015年10月には、悪性の皮膚がんであるメラノーマに対するアムジェン社の遺伝子治療薬が米国と欧州で承認された。こちらは、腫瘍《しゅよう》溶解HSV1と呼ばれるウイルスをベクターとして使っており、GM-CSFという遺伝子が働いて免疫細胞を活性化する。2016年にはADA欠損症の遺伝子治療薬も欧州で承認された。前述の、北海道大学が日本初の遺伝子治療として実施した病気で、ベクターは北大同様、レトロウイルスだ。

遺伝子治療薬をめざす治験は、日本でも予想以上に増えてきている。金田安史のまとめでは、2018年7月現在で13件。下肢閉塞性《かしへいそくせい》動脈硬化症や、悪性胸膜中皮腫《きょうまくちゅうひしゅ》、成人T細胞白血病などで、今後、承認をめざして治験が計画されている遺伝子治療薬の候補も10

件近くある。

こうして定着し始めた遺伝子治療だが、未解決の課題は残されている。

まず従来型の遺伝子治療では、病気を引き起こしている故障遺伝子はそのまま残されている。このため、正常遺伝子を付け加えるだけでは治せない病気は対象とならない。たとえば、単一遺伝子病の代表的なもののひとつであるハンチントン病は、優性遺伝する神経難病である。原因はハンチンチン遺伝子の塩基配列で「CAG」のリピートが普通の人より長く延びていることだ。発病するのは多くが中年期以降という遅発性の遺伝子病で、遺伝子診断は可能になっているが、これを従来の遺伝子治療で治すことはできない。

ジストロフィン遺伝子の異常で起きるデュシェンヌ型筋ジストロフィー（DMD）のように、原因遺伝子が巨大で、従来のウイルスベクターで正常遺伝子を細胞に導入することができない病気もある。

また、従来型では前述したように遺伝子が導入される位置はランダムであるため、遺伝子を細胞核に導入する場合には、がん化のリスクが解消できない。

そこへ、標的DNAそのものを改変できるゲノム編集技術が登場したとなれば、「遺伝子治療に使いたい」と考えるのは当然のことだろう。これまでの遺伝子治療が、「外から正常な遺伝子を付け加え、遺伝子が作り出す産物で治療する」ものだったとすれば、ゲノム編集を使った遺伝子治療は「細胞内の遺伝子そのものを操作する」という意味合いを持つ（図3-2）。遺伝子治療の意味合いを大きく変える可能性があり、「遺伝子による治療」から「遺伝子への治療」への転換と捉える人もいる。

ゲノム編集でHIVに抵抗する

実際、最初のヒトを対象とした「ゲノム編集治療」の臨床試験は、すでに2011年から実施されている。実施主体はカリフォルニア州にあるバイオベンチャー「サンガモ・セラピューティクス」社とペンシルバニア大学のチームで、使ったのは第1世代のゲノム編集技術ジンク・フィンガー・ヌクレアーゼ（ZFN）。治療対象となったのは、エイズウイルス（HIV）の感染者だ。

サンガモ社のチームの戦略は、HIVが感染者の細胞に侵入する時の「入口」となるT細胞表面の受容体「CCR5」の遺伝子を破壊するというものだ。そうすることで、CCR5受容体は作られず、「入口」を失ったHIVはTリンパ球細胞に結合・侵入できなくなる（図3-3）。

実はこのCCR5遺伝子は2018年11月に「ゲノム編集ベビー」の誕生を公言した中国人研究者が標的にしたものだが、その話は第4章で詳しく述べることにして、ここでは

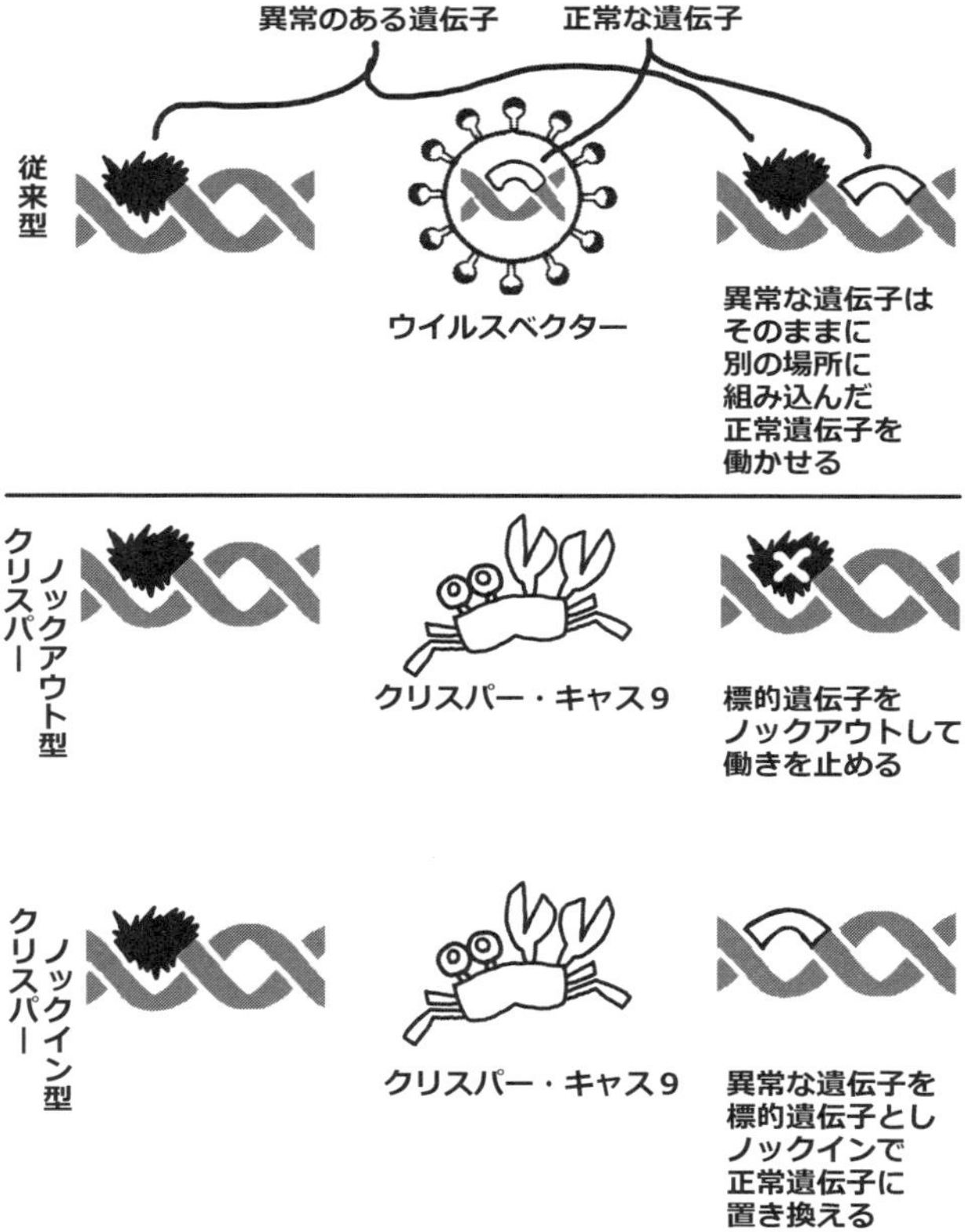

図３－２：従来型の遺伝子治療（上）と、クリスパーを使う遺伝子治療（下２つ）のイメージ図

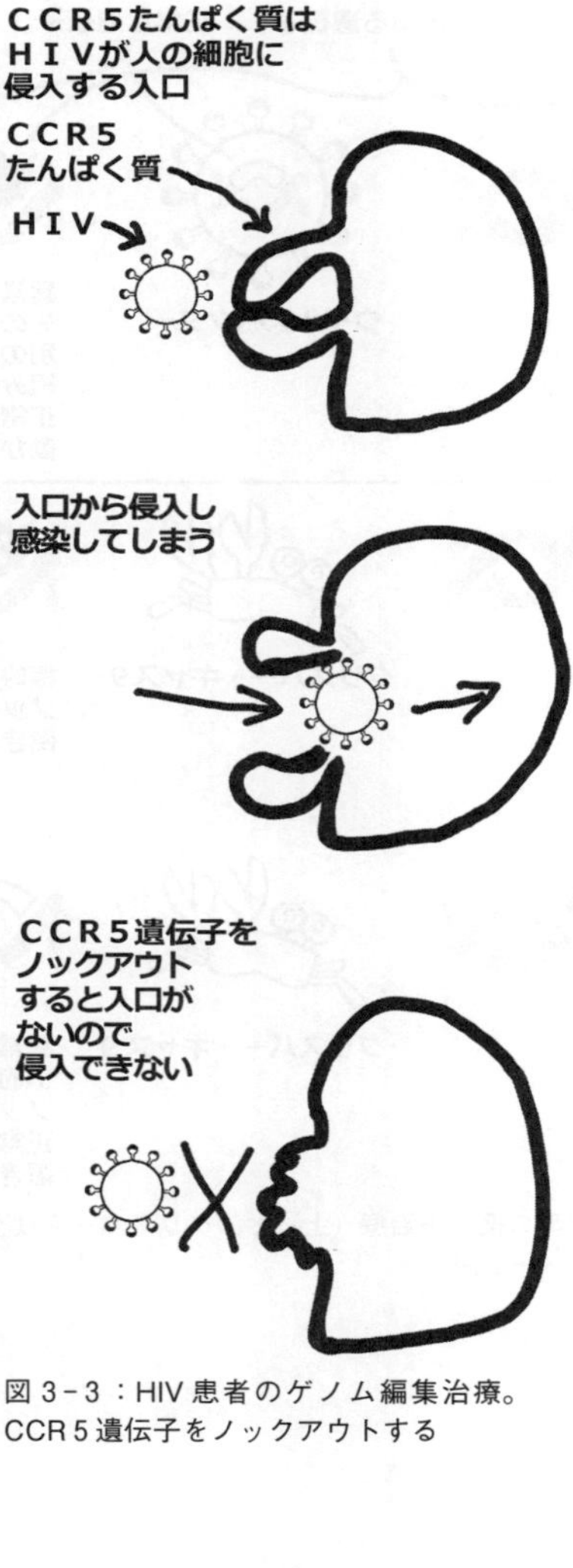

図 3-3：HIV 患者のゲノム編集治療。
CCR 5 遺伝子をノックアウトする

体細胞に対するゲノム編集治療について述べる。

サンガモ社のチームは抗HIV治療薬の投与を受けている患者12人から血液を採取し、ZFNを使ってT細胞のCCR5遺伝子をノックアウトし、再び患者に戻した。彼らはこの結果を2014年3月のニューイングランドジャーナル誌に発表し、「安全性が確かめられ、ほとんどの患者で血中のエイズウイルスのDNAが減少した」と述べている。

これだけで治療効果はわからないが、この手法が開発された背景には、HIVに感染しても発病しない人がわずかながらいるという知見があった。特に白人では1～2パーセントといわれる。

実際にその効果が示されたのは、「エイズが治癒した初の患者」と言われる米国人のティモシー・ブラウンのケースだ。ブラウンはHIV感染者で、通常の薬でコントロールしていたが、ドイツのベルリンで白血病にかかり、骨髄移植を受けることになった。その際に、医師団は骨髄のドナーの中からCCR5の遺伝子に変異のある人を選び、その骨髄をブラウンに移植するという奥の手を使った。

その結果、ブラウンは白血病が治癒すると同時に、HIVが体内からいなくなったのだ。ブラウンの血液の細胞が「HIVの入口のない細胞」に入れ換わったわけだ。サンガモの戦略は、これにヒントを得たものだった。

†白血病の少女にゲノム編集治療

次にゲノム編集治療が人間に対して実施されたのは2015年6月だが、これはHIVよりインパクトが強かったかもしれない。患者はロンドン在住で急性リンパ性白血病に苦しむ1歳の少女、レイラ・リチャーズちゃん。白血病治療の第1選択である骨髄移植や抗がん剤などの治療を受けたが効果がなく、万策が尽きていた。そこですがったのが、まだ開発中のゲノム編集治療だった。

この臨床研究を行ったのは英国グレート・オーモンドストリート子ども病院とユニバーシティ・カレッジ・ロンドンのワシーム・カシムのチーム。彼らが使ったのはフランスのセレクティス社が開発中だった「ユニバーサルCAR－T」。第2世代のゲノム編集技術ターレン(TALEN)を用いた手法だ。人間を対象とする臨床研究の計画はまだ先だったにもかかわらず、特別な許可を得て実施することを決断した。

このユニバーサルCAR－Tは、がんの新しい遺伝子治療法として前に紹介したCAR－Tの一種と考えていいだろう。ただ、通常のCAR－Tでは患者自身のT細胞を使うが、弱ったレイラちゃんからT細胞を採取することは難しかった。そこで医療チームが選んだのが、さらに巧妙な仕掛けを持つこの方法だった。

使うのは健康な提供者（ドナー）のT細胞。通常のCAR－Tと同様、ドナーT細胞がレイラちゃんの体内のがん細胞を認識して攻撃するように遺伝子改変する。その一方で、レイラちゃん自身の細胞は攻撃しないように遺伝子編集が加えられた。さらに、白血病に対する抗がん剤からドナーT細胞を守る編集も施された。そうすることで、抗がん剤治療も併用できるようにしたのだ。

このデザイナーT細胞の移植を受けたレイラちゃんのがん細胞は消え、寛解状態となった。欧米メディアは小さなレイラちゃんがにっこり笑う写真を掲載し、治療の効果をアピールした。このケースは緊急避難的に実施されたものだが、他人（ドナー）のT細胞を使えるため、患者ごとにオーダーメイドにする必要がないという利点も強調されている。

†クリスパーを利用した初のがん治療

ここまでは第1世代、第2世代を使ったゲノム編集治療の例だが、2016年10月には初のクリスパーによるゲノム編集治療の臨床試験が中国で行われた。成都市にある四川大学のチームによるもので、対象は転移性の肺がんだ。彼らが使ったのは、患者の血液から免疫細胞を取り出し、クリスパーを使ってPD－1と呼ばれるたんぱく質をコードする遺伝子を切断し、働きを止める、という方法だ。

ＰＤ－１は、２０１８年に本庶佑《ほんじょたすく》がノーベル医学生理学賞を受賞した時の業績ですっかりお馴染みになった分子だ。免疫細胞のひとつであるＴ細胞の表面にある受容体で、免疫機構のブレーキ役として働いている。がん細胞はこのブレーキを利用して、Ｔ細胞の攻撃をかわし、増殖することができる。

とすれば、ＰＤ－１の作用を止めることでブレーキをはずしてやれば、免疫機構を活性化することができ、がん細胞をやっつけることができるはずだ。これが本庶チームの戦略で、実際この戦略が新しいがん治療薬に結びついた（図３－４）。ＰＤ－１受容体にくっつく抗体を投与する方法で、２０１４年７月に「オプジーボ（一般名ニボルマブ）」として日本で最初に承認されている。メラノーマを皮切りに、非小細胞肺がん、腎がん、胃がんなど他のがんへの適用も広がりつつある。「免疫チェックポイント阻害剤」と総称され、効果の高いがん治療薬として注目を集める一方、薬価の高さでも議論を呼んだ。

四川大学の戦略は、体外に取り出したＴ細胞にクリスパーを作用させ、ＰＤ－１が細胞表面にできないように改変し、これを増やして患者の体に戻すことによって、肺がん細胞への攻撃力を高めようというものだった。しかし遺伝子改変しなくても、オプジーボのようにＰＤ－１にくっついて働きを止める抗体で十分ではないかという声もある。評価が定まるまでには時間がかかるだろう。

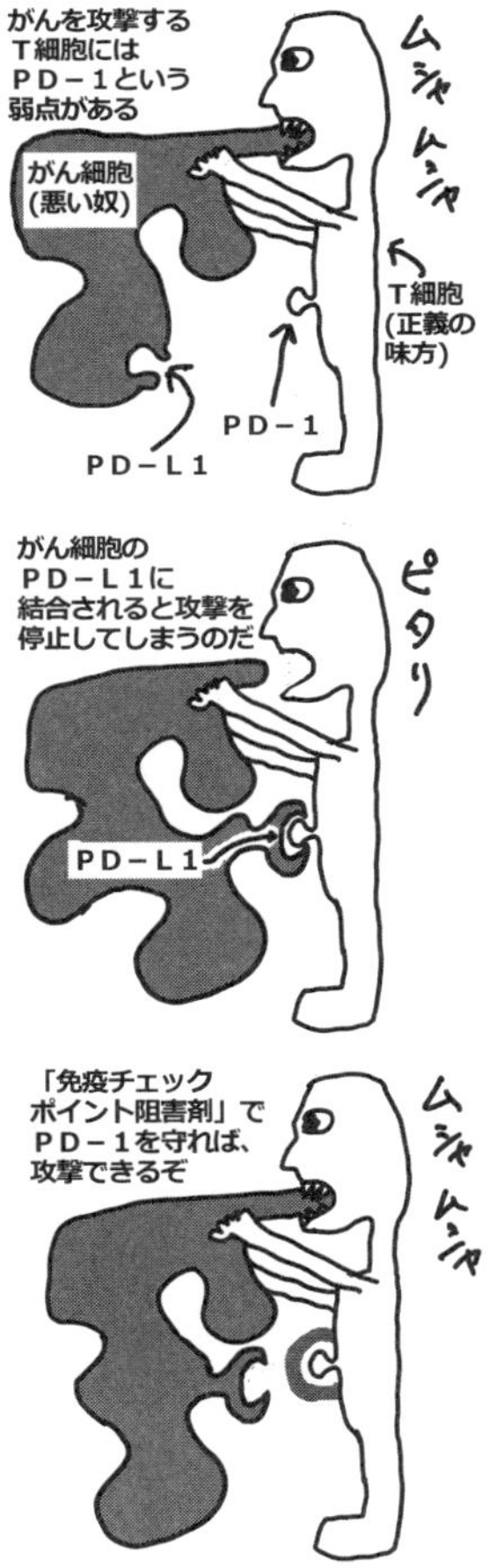

図3－4：PD－1分子の作用を止めるがん治療とは

†体内投与によるゲノム編集治療も

ゲノム編集の世代の違いはあれど、ここまではいずれも「ex vivo」、すなわち、体外に取り出した細胞を編集して体内に戻す手法で実施されたゲノム編集治療だ。

そこへ次の一石を投じたのが、2017年11月にサンガモ社が行った初の「in vivo」ゲノム編集治療の治験、すなわち体内にゲノム編集ツールを直接投与して、体内で細胞の遺伝子を編集する試みである。使ったゲノム編集技術はZFN(ジンク・フィンガー・ヌクレアーゼ)。対象は44歳のハンター症候群の患者、ブライアン・マドゥーだ。

ハンター症候群は「ムコ多糖症」と呼ばれる疾患群のひとつで、体内にある糖の一種を分解する酵素の異常によって起きる。この酵素がうまく働かないと、全身にムコ多糖が蓄積し、骨や関節、皮膚、呼吸器、循環器、消化器、脳神経などさまざまな部位に障害が起きる。米国では十数万人に1人の患者がいて、通常の治療は注射で欠けている酵素を補充するというものだ。しかし、それでも心臓や骨、肺へのダメージを止めることができず、若くして死亡する人も多い。

サンガモ社のチームは1回の治療で永続的に効果を上げることを狙って、ゲノム編集ツールを体内に直接注射する戦略をとった。体内でゲノム編集治療を行うには、病気の原因となる臓器で必要な遺伝子に働いてもらう必要がある。そこでチームがZFNの運び屋として使ったのが従来型遺伝子治療で使われてきたAAV（アデノ随伴ウイルス）ベクターだ。チームはAAVベクターにZFNを乗せて肝臓の細胞だけで働くようにプログラムした。肝臓に到達したZFNが肝細胞のアルブミン遺伝子を特定の位置で切断し、代わりに欠けている酵素の遺伝子を導入する、という仕組みだ。

なぜアルブミン遺伝子なのか。アルブミンは血液中に多く含まれるたんぱく質で、肝臓で作られるが、ここではアルブミン遺伝子のノックアウトが目的ではない。この場所なら新しい遺伝子を安全に組み込むことができ、しかも組み込まれた遺伝子がきちんと働いて酵素をたくさん作り出すことが知られている部位のひとつなのだという。さまざまな遺伝子を安全に導入できる場所という意味で、「セーフ・ハーバー」（安全な港）と呼ばれたり、USBポートに喩えられたりもする。

こうした「in vivo」治療のメリットは、必要な遺伝子が組み込まれた細胞が体内で増えていけば、何度も治療を繰り返す必要がないという点だ。言い換えれば、遺伝子が組み込まれた肝臓細胞を、酵素作りの細胞工場にすることができる、というアイデアだ。ただ、肝臓の細胞で生み出される酵素は脳までは届かず、ハンター症候群が引き起こす脳障害を治療することはできない、という弱点も残っている。

†並み居るバイオベンチャーと治療戦略

これ以外にも、ゲノム編集治療をめざす臨床研究は目白押しだ。

単一遺伝子病では2017年12月に米国のクリスパー・セラピューティクス社が、ベータサラセミアの治験を欧州の審査機関に申請している。同社は、クリスパーを開発した女性ペアのひとり、エマニュエル・シャルパンティエが設立したバイオベンチャーで、米国マサチューセッツ州のケンブリッジとスイスの2カ所に本社を置いている。

ベータサラセミアは血中で酸素を運ぶヘモグロビンのβ鎖(βグロビン)をコードする遺伝子の異常によって起きる遺伝性の血液疾患で、重度の貧血などを起こす場合がある。地中海、中東、中央アジアに患者が多く、「地中海貧血」とも呼ばれてきた。同社は、鎌状赤血球症の治験も計画している。これもヘモグロビンβ鎖遺伝子の異常で起きる遺伝性疾患だが、故障を起こす遺伝子の部分が異なる。鎌状赤血球症の特徴は赤血球が三日月形(鎌のような形)になることだ。

サラセミアも鎌状赤血球症も、遺伝性疾患としてはお馴染みのもので、遺伝子診断の対象にもなってきた。だからこそ、「治せる」となったら、患者にとっては願ってもないことだろう。

同社は、いずれの場合も故障している遺伝子を「修理」する代わりに、別の巧妙な戦略を用いる。ターゲットとするのは、胎児ヘモグロビンの生産を抑制する遺伝子だ。人間は生後半年ぐらいまで「胎児ヘモグロビン」と呼ばれるヘモグロビンを体内で作り、その後は大人のヘモグロビンを作るように変化していくのだという。

ベータサラセミアも、鎌状赤血球症も、大人型のヘモグロビンの異常である。とすれば、ゲノム編集で正常な胎児型のヘモグロビンを呼び戻し、異常なヘモグロビンの代わりに働いてもらえばいいのではないか、というアイデアだ。そのために、患者の造血幹細胞を取り出し胎児ヘモグロビンの生産を抑えている遺伝子をクリスパーで切断する。その後、この幹細胞を患者に戻す。いわば「胎児ヘモグロビン生産のブレーキをはずすようなもの」だという。

こうしたヘモグロビン異常の治療計画を持つのはクリスパー・セラピューティクス社だけではない。ダウドナらが設立したバイオベンチャーのインテリア・セラピューティクス社と、製薬大手のノバルティスのチームも、同様の計画を進めている。サンガモ社は２０１７年10月に、得意のＺＦＮを使ったベータサラセミアのゲノム編集治療臨床試験について、米国食品医薬品局（ＦＤＡ）の承認を得ている。ただ、いずれも思い通りに進むとは限らない。ＦＤＡがゲノム編集治療の治験の申請を一時保留にするケースもでてきているからだ。

†遺伝子「修理」は試行錯誤まっただ中

さて、ここまで紹介してきたゲノム編集遺伝子治療の臨床試験を概観すると、あることに気づくのではないだろうか。ゲノム編集は、故障遺伝子そのものをターゲットとした遺伝子の治療を可能にするといいながら、実際には、「故障遺伝子の修理」そのものを避けていることだ。むしろ、その周辺をうろうろしている印象がある。

なぜ、クリスパー・セラピューティクス社やサンガモ社が、実際の「遺伝子修理」を避けているのか。それは効率が低いからだろう。前に述べたように、ゲノム編集によって切断したDNAの修復の仕方には、大きく分けて2種類ある。ひとつが、ともかく切断した部分をつないでしまう「非相同末端結合修復」（NHEJ）で、この場合、どうしても修復ミスが起きやすく、そうなれば結果的に遺伝子が機能を失う。つまり「遺伝子ノックアウト」を実現できる。

もうひとつが、相同組み換えを利用する修復で、「相同組み換え修復」（HDR）と呼ばれる、というのはお話しした通りだ。この場合は、「修復用の正常な遺伝子の鋳型」を同時に細胞に送り込むことによって、望みの遺伝子の導入を行うことができる。これが「遺伝子ノックイン」だ。場合によっては、遺伝子変異を入れた鋳型を送り込むことで、変異を導入することもできる。

ただし、成人の細胞で相同組み換えを起こす確率は低い。ノックインが起きるのは、全体の1パーセントに過ぎないといわれる。99パーセントはノックアウトとなる。特定の遺伝子を「ノックアウト」する方が、異常な遺伝子を「修理」したり、正常な遺伝子に「置き換え」たりするより、よほど簡単ということになるが、効率よくノックインを起こす研究は引き続き重要課題で、各国で研究が続けられている。日本も例外ではない。

また、相同組み換えが起きるのは分裂細胞だけであるということも、ノックインの障害となっている。これについては、理化学研究所などの国際チームが非分裂細胞でもノックインできる「ＨＩＴＩ」と呼ばれる方法を開発した。

こうした「ゲノム編集技術の改良」は、ノックインの効率改善以外にも、いくつかある。たとえば、東京大学の濡木理《ぬれきおさむ》チームは米ブロード研究所のファン・ジャンらと組んで、クリスパーによって書き換えられる標的領域を拡大する技術開発に成功し、２０１８年８月にサイエンス誌に発表した。第1章で紹介したように、クリスパーが働くためには、標的配列の隣にＰＡＭと呼ばれる配列が必要で、編集できる場所には制限があった。この制限をゆるめて、従来より4倍の範囲を標的にできるようになった。

また、元祖クリスパーが標的遺伝子の二重鎖を切断するのに対し、標的遺伝子の1塩基だけを書き換える「1塩基エディター」も米ハーバード大学などのチームが開発した。遺伝性疾患の多くが1塩基変異で起きていることから、その修復に期待がかけられている。DNAの代わりにRNAを標的とするクリスパーや、遺伝子のオン・オフを調節するクリスパーも開発されている。濡木のチームも遺伝子をピンポイントでオン・オフできる独自技術を開発し「クリスパー・ガンダム」と名付けた。広島大学の山本卓のチームもクリスパーを改変し、DNA配列を書き換えずに遺伝子の働きをオンにする新技術を開発した。

こうした「切らないクリスパー」は元祖クリスパーがDNA二重鎖を切断してしまうのに比べて安全性が高いと考えられ、ゲノム編集治療に広く使われていく可能性がある。治療以外のさまざまなゲノム編集にも使われていくはずだ。一方で、染色体に遺伝子を組み込むために二重鎖切断が必要なケースもあるだろう。

話を元に戻すと、いくつもハードルがあるとはいえ、ゲノム編集による「遺伝子修理」が試みられていないわけではない。たとえば、エディタス・メディスン社は、胎児ヘモグロビンを増やすのではなく、大人のヘモグロビンの遺伝子を実際に「修理」する方法で、ベータサラセミアや鎌状赤血球症を治療する研究を進めている。

これ以外にも、遺伝性の失明、筋ジストロフィー、嚢胞性線維症《のうほうせいせんいしょう》、血友病、高コレステロール血症、感染症など、ゲノム編集治療のターゲットは広がり続けている。がん治療では、ペンシルバニア大学がメラノーマやサルコーマ（肉腫）などを対象としたクリスパー治療の臨床試験を計画している。今後も、遺伝子修理のリストは増えていくと思われる。

†筋ジストロフィー、難聴、……ゲノム編集治療への期待

ここまで、ヒトへのゲノム編集治療の臨床研究を紹介してきたが、当然のことながら、その前段階としての動物実験も進められている。

2018年8月、テキサス大学サウスウェスタン医療センターのチームがデュシェンヌ型筋ジストロフィーを発症したビーグル犬の子犬にクリスパーを作用させることに成功したとサイエンス誌に発表した。

デュシェンヌ型筋ジストロフィーは、ジストロフィンと呼ばれるたんぱく質の遺伝子の異常が原因であることが1980年代からわかっている。原因遺伝子がX染色体に載っているため、主に男の子が発症することも昔から知られている。だが、従来の遺伝子治療ではこれを修復することは難しかった。それをクリスパーが克服できる可能性が示されたことになる。

テキサス大学の実験では犬の骨格筋や心筋でジストロフィンたんぱく質の量が増えたと

いう。この成果を知った時には期待が高まった。もし、ビーグル犬で筋ジストロフィーの治療法が確立できれば、当然、人間にも応用可能だと思ったからだ。

これ以前の2015年にも、米国の3チームがデュシェンヌ型筋ジストロフィーのモデルマウスを使った実験をそれぞれ行い、効果が見られたと報告している。2017年には米エモリー大学のチームが神経難病のハンチントン病のモデルマウスをクリスパーで治療する試みを発表している。いずれも動物実験であり、人間に応用できるまでには時間がかかるだろう。それでも現時点で有効な治療法がないだけに、期待は大きい。

米ハーバード大学などの研究チームは、遺伝性の難聴を起こす「ベートーヴェン・マウス」の聴覚細胞にクリスパーを作用させて、病気の進行を遅らせる研究を進める。2017年12月にネイチャー誌に発表された論文によると、「in vivo」のゲノム編集で、難聴の原因となる遺伝子をノックアウトした。クリスパーを注入しなかったマウスに比べ音響反射反応が優れているといった違いが観察されたという。もしベートーヴェンが生きていたら、喜びそうな研究だ。

筋ジストロフィーや難聴の遺伝子治療研究はマウスの受精卵でも行われている。これらの手法では、遺伝子変異が子孫に伝わることも防ぐが、第4章で詳しく述べるように、人間への応用は非常にハードルが高い。

†日本で実践された研究

ここまではすべて海外の研究の話だが、日本でもゲノム編集遺伝子治療に向けた研究は行われている。

たとえば、京都大学iPS細胞研究所の堀田《ほった》秋津《あきつ》の研究室では、デュシェンヌ型筋ジストロフィー（DMD）をターゲットにしている。前述したように、DMDはジストロフィン遺伝子の変異が原因で起きる。堀田のチームは患者の細胞からiPS細胞を作り、これにクリスパーやターレン（TALEN）を使うことでジストロフィン遺伝子変異が修復できることを示している。さらに、ジストロフィン遺伝子を修復したiPS細胞から骨格筋の細胞を作ったところ、健常な人と同様の長さのジストロフィンたんぱく質が作られていることが確かめられた。

自治医科大学の大森司と東京大学の濡木理のチームは、血友病のモデルマウスを使い、ゲノム編集による治療法を開発している。

血友病の人は生まれつき出血が止まりにくい体質を持っている。血液の中には血液を固める物質「血液凝固因子」があって、通常は出血しても血液は固まる。血友病の人はこの凝固因子がほとんどなかったり働きが弱かったりするため血が止まりにくく、関節や筋肉などの出血や、怪我をしたときの出血が問題になる。その原因は血液凝固因子の遺伝子にある。血液凝固因子には第Ⅷ因子と第Ⅸ因子があり、それぞれの障害を「血友病A」「血友病B」と呼ぶ。これら凝固因子の遺伝子は性染色体のX染色体上にあるため主に男性が発症する。

大森・濡木チームは、まずゲノム編集技術を使って第Ⅸ因子の遺伝子に変異を持つ「血友病B」のモデルマウスを作った。次に、この変異を修復するクリスパー・キャス9を設計し、遺伝子の運び屋であるＡＡＶ（アデノ随伴ウイルス）ベクターを使って肝臓細胞に運ぶシステムを開発した。肝臓は第Ⅸ因子が作られる場所だ。

これを血友病Ｂマウスに注射したところ、変異遺伝子の一部が正常遺伝子に置き換えられ、血液中の第Ⅸ因子の量が最大で正常なマウスの20パーセントまで上昇した。出血が止まりにくい症状も改善したという。その後、ブタを使った実験も進めている。もし人間にも応用できれば、「注射1回で血友病Ｂが治せる」と期待をかける。

†「バラ色の未来」は待っているか？

ここまで、ゲノム編集治療の進展と期待について話してきたが、バラ色の未来が実現できるかどうかはまだこれからの話だろう。当然のことながら「in vivo」であれ、「ex vivo」であれ、リスクはある。代表的なものは、これまで述べてきた通り、「オフターゲット」だ。すなわち、狙った場所とは別の遺伝子を切断してしまうリスクである。場所によっては、従来型の遺伝子治療がそうであったように、細胞のがん化を引き起こしてしまう恐れがある。これを防ぐためにどうするか。さまざまな研究が続けられている。

2018年6月には次のような2つの研究結果がネイチャー・メディシン誌に掲載され、注目を集めた。

スウェーデンのカロリンスカ研究所のチームと、大手製薬企業ノバルティス社のチームがそれぞれ発表した結果で、p53と呼ばれるがん抑制遺伝子の働きが抑えられるとクリスパーが働きやすく、正常なiPS細胞ではp53がクリスパーの作用効率を抑えたという。言い換えると、がん抑制遺伝子の働きが悪い細胞ばかりにクリスパーが作用してしまう恐れがあるということだろう。

7月には英ウェルカムサンガー研究所がネイチャー・バイオテクノロジー誌に、クリスパーを使ったゲノム編集によって、マウスやヒトの細胞で、大規模なDNA欠失や挿入などの再構成が起きたことを報告した。

これらの結果への評価はいろいろだが、こうした懸念や課題は今後も出てくるだろう。従来型遺伝子治療のように、何かトラブルが起きれば停滞してしまう恐れがあり、課題克服はますます重要だ。

それだけでなく、ゲノム編集治療が対象とする病気の範囲が広がるにつれ、どこまでこの技術を使っていいか、といった議論も生まれてくるはずだ。たとえば、筋ジストロフィーの治療法を健康な人の筋肉増強に使うことの歯止めをどうするか、といった議論だ。


この章では体細胞の遺伝子治療・ゲノム編集治療を概観してきたが、考えなくてはならないさらに大きな課題もある。

病気の治療のためなら、受精卵を改変してもいいか。それどころか、病気の治療でなくても、受精卵を改変することができるとすれば、それは許されるのかどうか。

次の章では受精卵へのゲノム編集の応用について考えてみる。

第4章　ヒト受精卵を編集する

†2018年11月、香港ショック

本書を書き始めた時、受精卵の段階で遺伝子改変された「ゲノム編集人間」は世界中どこを探してもいないはずだった。その認識が一変したのは、2018年11月26日、AP通信の特ダネが流れてきた時だ。

「中国の研究者がゲノム編集された子どもの誕生を主張」。そのタイトルを見た瞬間、心臓が飛び跳ねた。とうとうその日がやってきたのか。いや、これは単なるでっち上げだろうか。そんな思いが交錯した。

記事によれば、ゲノム編集ベビーの誕生を公言しているのは中国広東省・南方科技大学の賀《が》建奎《けんけい》。夫がエイズウイルス（HIV）感染者で妻が非感染者のカップルが体外受精で子どもをもうける際に、受精卵にクリスパーを作用させ、HIVに感染しない双子の女の

図4－1：香港で開かれた国際会議で講演する中国・南方科技大学の賀建奎副教授（2018年11月、共同通信社）

子を誕生させたという。

本当だとして、なぜそんなことをする必要があったのか。子どもたちはどういう状態なのか。両親はどうして同意したのか。なぜ、この時点で公表したのか。

ほどなくわかったのは、賀が翌27日から香港で開催される第2回「ヒトゲノム編集国際サミット」の2日目の演者として登録されていること、その発表がこういう内容だとは誰も知らなかったこと。そして、ウェブ上には、賀が「ルルとナナという2人の美しい中国人の女の赤ちゃんが数週間前に元気に生まれました。2人が普通の赤ちゃんとひとつだけ違っているのは、受精卵の段階で遺伝子手術を施したことです」とにっこり笑って話す動画が既にアップされていたことだった。AP通信の特ダネより前に米国の専門誌が妊娠の可能性を報じていたこともわかった。

科学コミュニティも、科学メディアも、騒然となった。本当か、ウソか。ウソなのか、本当なのか。次々と専門家に聞いてみたが、わからない。

ともかく、香港の会議に登場する賀の講演を聴いてみるしかない。だが、これだけ批判が渦巻いていて予定通り出てこられるのか。もしかすると中国当局から待ったがかかっているのではないか。

そんな憶測が飛び交う中、香港の会議場に賀は姿を現した（図4-1）。いったい、どんな話をするのか。ライブウェブキャストで流される講演を世界中の人が注視した。もちろん私もそのひとりで、ＰＣ画面にかじりついた。

結果はどうだったか。その話を語る前に、ここに至る歴史的な流れから説き起こすことにしたい。

†ノーベル賞を受賞した「実用的技術」

２０１０年10月、その年のノーベル医学生理学賞の発表を聞いた時には、ある種の驚きがあった。

ロバート・Ｇ・エドワーズ。ケンブリッジ大学の名誉教授で１９２５年9月生まれの当時85歳。受賞理由は「体外受精の開発」だった。

英国マンチェスターのオールダム総合病院で世界初の体外受精による子どもルイーズ・ブラウンが誕生したのは１９７８年7月25日のことである。彼女の母親は卵管に異常があり、自然妊娠が望めなかった。そこで1950年代から体外受精をめざしていたエドワーズが、婦人科医のパトリック・ステップトーと協力し、新しい技術を初めて臨床応用したのだ。ステップトーは腹腔鏡で卵巣から卵子を取り出す担当だった。

当時は英国内はもちろん、世界中で話題となり、日本の新聞の一面にも「試験管ベビー誕生」という大きな見出しが躍った。

その後、体外受精は世界に広がり、エドワーズのノーベル賞受賞の時までに世界で400万人の体外受精児が生まれた。今では、世界で700万〜800万人が体外受精で生まれていると言われている。

では、なぜエドワーズのノーベル賞受賞に驚きを感じたのか。ひとつにはノーベル医学生理学賞は「生命現象の謎解きにつながる基本的研究の成果や、応用の種《たね》となった基礎研究に与えられる」というイメージがあったからだ。体外受精はむしろ動物で開発された技術を応用した「実用的な技術」そのもの、というイメージが強い。

そしてもうひとつは、この技術の倫理面をめぐる議論が、臨床応用から30年以上を経た当時も、完全に決着がついたわけではないと考えていたからだ。

もちろん、体外受精そのものを問題にする人は今ではほとんど見当たらない。ルイーズ・ブラウンが生まれた当初の「神の領域を侵すもの」といった批判や懸念を聞くことは、もはやない。日本でも、体外受精で生まれる子どもはすでに2015年の時点で20人に1人。この子どもたちが学校に上がれば、1クラスに2人は体外受精で生まれた子どもがいる計算になる。彼らを特別視する人はもういないだろう。

ただし、体外受精の技術が人間の生殖にもたらした変化は、通常の体外受精にとどまらなかった。

†卵子、精子、受精卵、子宮を別々に

体外受精が登場する以前には、卵子と精子は体内で出会い、受精卵は卵子の持ち主である女性の子宮で育まれ、赤ん坊として誕生した。深く考えるまでもなく、卵子、受精卵、子宮は、別々に取り扱えるものではなかった。

ところが、体外受精の登場で卵子を体外に取り出して受精させることが可能になった結果、卵子、受精卵、子宮は、それぞれ独立して扱うことが可能になったのだ。そこから派生したさまざまな生殖技術は、不妊のカップルに恩恵をもたらす一方で、さまざまな不協和音も生み出した。

たとえば、「代理出産」の技術がある。病気などで子宮を失った女性や、高齢で自然妊娠が望めない女性が、他の女性（代理母）に産んでもらう技術である。

当初は、夫やパートナーの精子を代理母の体内に注入する方法が行われたが、この場合、生まれてくる子どもの生物学的母親は代理母となる。その後、主流になったのは、女性の卵子と夫やパートナーの精子を体外受精し、代理母に出産してもらう方法だ。この場合、生物学的な母は卵子の持ち主であり、子どもをもうけたい女性となる。代理母は赤の他人である場合もあるし、姉妹である場合もある。後者の場合、生まれる子どもから見ると、「産みの親」がおばということになる。子どもをもうけたい女性の母親が代理母となるケースまで登場した。そうすると、子どもの「産みの母」は祖母ということになる。

さらに、物事を複雑にしたのが「卵子提供」という手法である。病気や高齢によって自分の卵子は使えないが、子どもをもうけたい女性が、他人の卵子を使って出産する方法だ。一般的には夫の精子を、第三者から提供してもらった卵子と体外受精し、妻が妊娠出産する。政治家の野田聖子が子どもをもうけたのはこの手法で、卵子は海外の女性から提供を受けた。

極論を言えば、卵子も精子も子宮も、まったく赤の他人同士、という組み合わせも考えられる（実は、日本でもこうした組み合わせが政府の審議会でいったん認められたことがある）。この場合に、生まれてきた子どもはいったい誰の子どもなのか。

ここまで極端でないとしても、体外受精と人間の欲望が結びついた時に、子どもの幸福が置き去りにされてしまう懸念は払拭されていない。

†受精卵の遺伝子改変を禁止

受精卵を体外で扱える体外受精の技術から想起されたのが、人間の受精卵の遺伝子改変である。

受精卵の遺伝子改変は、日本国際賞の受賞決定の時にシャルパンティエが述べたように、ここ数十年、幾度となく議論されてきたテーマでもある。特に集中的に議論されたのは、1990年代に遺伝子治療が登場した時だろう。

たとえ病気を治す目的であっても、「人間の設計図」とも言われる遺伝子を受精卵で操作することが許されるのか。「神の摂理」に反するのではないか。生まれてくる子どもの健康にも大きな問題があるのではないか。さらには、人類の「遺産」であるヒトゲノムそのものを変質させてしまうのではないか。

欧米を中心に国際的な議論が巻き起こり、1990年7月には「国際医学団体協議会」(CIOMS)が、日本の犬山市と東京で「遺伝学、倫理、人間の価値：ヒトゲノムマッピング、遺伝子スクリーニング、遺伝子治療」をテーマに会議を開催し、「犬山宣言」を採択した。その中で、「体細胞の遺伝子を治療のために改変することは許される」「受精卵の遺伝子を改変することは当面禁止する」との方針が示された。

1998年には米国のカリフォルニア大学ロサンゼルス校で「ヒト生殖細胞系列の遺伝子改変」と題したシンポジウムが開催された。このシンポジウムには、DNAの二重らせん構造の発見者のひとりであるジェームズ・ワトソンや、遺伝子治療の父といわれるフレンチ・アンダーソン、遺伝子ターゲティングで後にノーベル賞を受賞するマリオ・カペッキ、著書『複製されるヒト』で生殖技術や遺伝子操作を論じたリー・シルヴァーなど、錚々《そうそう》たるメンバーが集い、生殖細胞の遺伝子改変に伴う安全性やリスク、効率、倫理、優生学といったテーマを議論している。

2000年には、権威あるサイエンス誌の発行元でもある「米国科学振興協会」(AAAS)が、「ヒトの遺伝的改変——科学的、倫理的、宗教的、政策的課題の検討」と題した報告をまとめた。

こうした動きを通じて、「受精卵を遺伝子改変して人間を生み出すことは禁止」の原則が世界の人々の共通認識となっていった。

†クローン技術と「動物工場」

そこに登場したのがクローン技術である。

図4－2：報道陣に公開された世界初のクローン羊「ドリー」。英国エディンバラのロスリン研究所にて（1997年2月、ロイター＝共同）

英国スコットランドのロスリン研究所でクローン羊「ドリー」が誕生したのは1996年7月のことだ（図4-2）。これを世界が知ったのは1997年2月。第一報は英国のオブザーバー紙の記事で、世界のメディアがこれを追いかけ、大騒ぎになったのを思い出す。

この第一報は、ネイチャー誌に掲載予定の論文の内容を報道解禁日前に掲載した「解禁日破り」だったことが後にわかる。振り返ってみればそれほどの重大ニュースだったといってもいいだろう。

私自身、2000年にスコットランドのロスリン研究所までドリーに会いに行ったことがある。どうしても会いに行っておかねばという心境だったからだが、思いのほか人なつこいドリーを見て、なんとも複雑な気分になったのを思い出す。

クローン羊ドリーが示したのは、1頭の哺乳類の体細胞から胚細胞を作り出し、そこから1頭の動物を再生できるということだ。それまでの常識は、一度体細胞に分化した細胞は再び受精卵のような細胞に戻ることはない、というものだった。ドリーはその常識を覆したわけだ。

動物でできるなら、原理的には人間でもできるだろうと多くの人が考えた。人為的にヒトを生み出す生殖技術が、さらにもうひとつ加わったことになる。

ドリー自身は遺伝子を改変しているわけではない。ただし、ドリーを誕生させた目的のひとつは、「動物工場」の実現だった。体細胞の遺伝子に、薬剤となる物質を作り出すヒトの遺伝子を組み込み、ここから遺伝子組み換えクローン動物をたくさん作り出す。たとえば、血友病の治療薬である血液凝固因子の遺伝子を組み込んだ組み換えクローン牛をたくさん作り、そのミルクの中に血液凝固因子を分泌させることができれば、牛が薬の生産工場になってくれる、という発想だ。実際、ドリーの次に作られたのは、血液凝固因子の遺伝子を組み込んだ組み換えクローン羊だった。

ダウドナは自身の著書『クリスパー』で、「体外受精とクローン技術は、生殖細胞系列の遺伝子編集の土台を作った技術革新である」と述べている。

クローン技術とゲノム編集が合体した時にどのような人間が生まれ得るかを想像すると恐しくもある。ただ、遺伝子組み換えを行わないまでも、クローン人間の実現性は極めて低いことが、その後わかった。これまでクローン人間が誕生したという事実は確認されていないし、密かに生まれていたということもないと、私自身は信じている。

✝ES細胞とiPS細胞は再生医療の福音か

生殖にかかわる技術として、ヒト胚性幹細胞（ES細胞）と、iPS細胞も新たに登場した（図4-3）。

第2章でも紹介したES細胞は、受精卵を壊して作る細胞で、さまざまな細胞に変化させることができるため、「万能細胞」とも呼ばれてきた。

当初は動物の受精卵から作られ、主にキメラマウス作りに使われてきたが、クローン羊ドリーの誕生が世界を驚かせた翌年の1998年、米ウィスコンシン大学のグループがヒトES細胞の作製に成功した。この成果は、怪我や病気で傷ついたり失ったりした臓器を修復する「再生医療」の切り札になるのではないかという期待を生んだが、一方で「ヒトの受精卵を破壊してもいいのか」という根源的な倫理問題が世界的な論争となった。

ヒトの生命の始まりを受精の瞬間ととらえるカトリックの総本山バチカンは、当然のこ

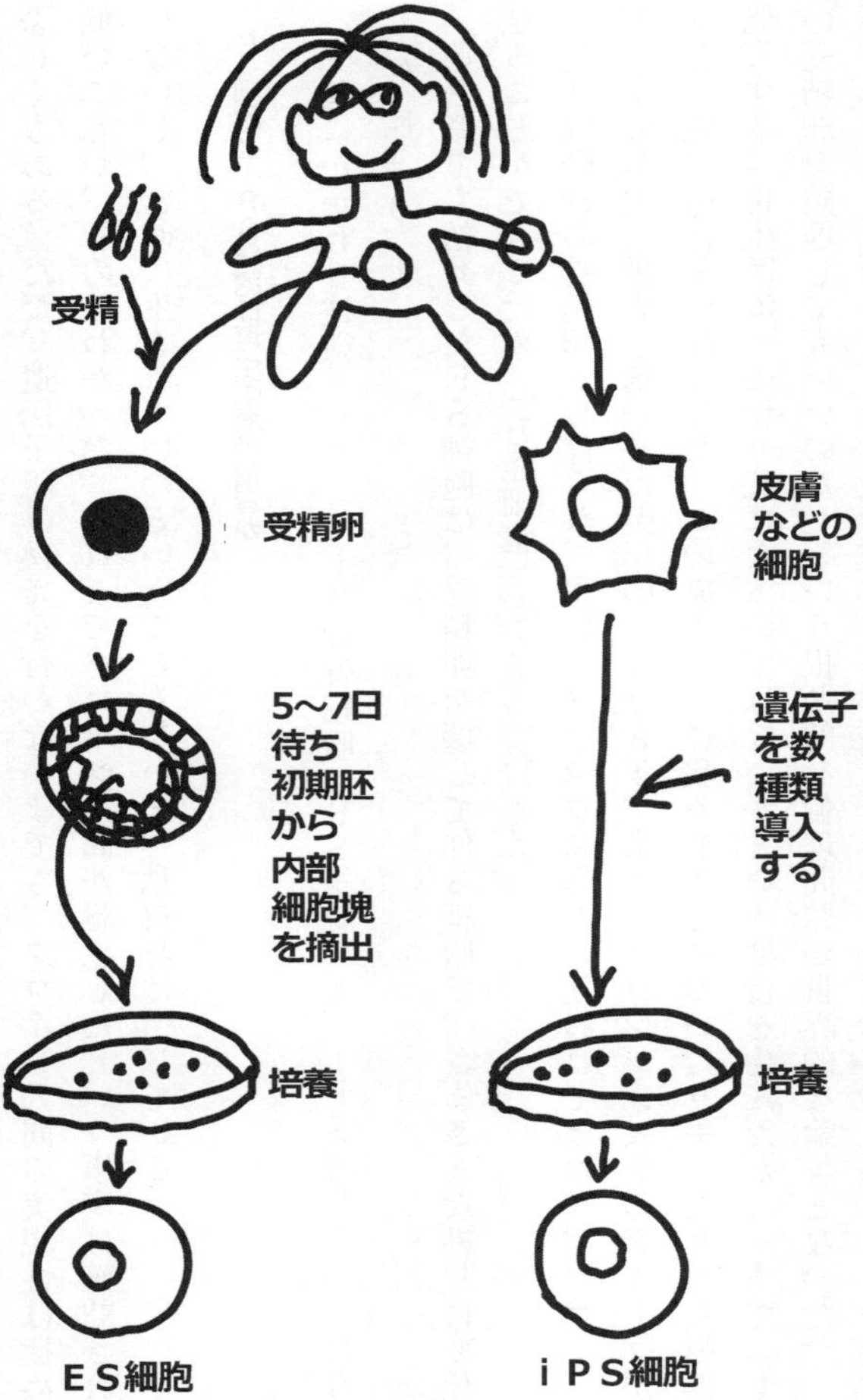

図 4－3 ：ES 細胞と iPS 細胞の違い

となからこれに異を唱えた。2001年以降、米国でも当時のブッシュ政権が「ヒトES細胞作りには連邦資金を拠出しない」という姿勢を明確にしたが、民間資金での研究は進んでいった。

この種の生命倫理課題に現実的な対応をする英国も、ヒトES細胞の作製と研究を認めた。日本は、ヒトの受精胚を「生命の萌芽」と捉え、これを壊すことについては慎重な姿勢を取ったが、ごく限られた条件のもとでヒトES細胞作りや研究を認めた。

こうした微妙な倫理問題を回避すべく、京都大学の山中伸弥《やまなかしんや》がマウスでiPS細胞の作製に成功したのが2006年のことだ。2007年にはヒトiPS細胞を作り出すことにも成功した。iPS細胞は体細胞に複数の遺伝子を入れて作る多能性幹細胞で、ヒト受精卵を壊すことなく、ES細胞と同等の性質を持つ万能細胞が手に入る。当時の発表の仕方は地味なものだったが、世界の科学者が歓迎したのは当然のことだった。しかし、ここからも生殖にかかわる新たな倫理的課題が浮上している。

ES細胞やiPS細胞の主な用途は、再生医療や創薬、疾患モデル作りだと考えられている。だが、ES細胞やiPS細胞がどんな細胞にもなれる万能細胞であるなら、ヒトの精子や卵子も作ることができると考えられるようになったからだ。実際、マウスのES細胞やiPS細胞から精子のもとになる細胞や、卵子のもとになる細胞を作り出す実験には、京都大学の斎藤通紀《さいとうみちのり》のチームが成功している。さらに、2018年9月には、ヒトのiPS細胞から卵子のもとになる「卵原細胞《らんげんさいぼう》」を作ることに成功したと発表している。

こうした研究が進めば、ヒトのES細胞やiPS細胞から作った精子と卵子を受精させて受精卵を作ったり、精子や卵子に遺伝子改変を加えてから受精卵を作ったり、といったことも原理的には可能になるだろう。当初は意図しなかったこととはいえ、結果的に、iPS細胞やES細胞は、受精卵の遺伝子改変に、もうひとつ別の道筋をつけたことになるだろう。

予想外の新たな倫理的課題の出現について、山中は京都大学でのiPS細胞研究と生命倫理研究をまとめた『科学知と人文知の接点』の中の対談で次のようにコメントしている。

「iPS細胞ができてしばらくは、これで受精卵を使う問題が回避できて、倫理的なハードルが下がったと思っていたんですが、よく考えるとiPS細胞ができたことで、新しい倫理問題が、もしかしたら前よりももっと深い倫理問題を生み出してしまったと、戸惑いを感じたのを覚えています」

iPS細胞からの精子や卵子の作製を念頭においた発言で、ここから人間を作ることも「理論的にはできる」と語っている。

そして今、新たな可能性として加わったのが、ゲノム編集による受精卵の遺伝子改変の可能性である。

†ゲノム編集で「パーフェクトベビー」を設計する?

振り返ってみると、「ゲノム編集」という言葉が日本でも浸透し始めたひとつのきっかけがあった。2015年春に「シャーレの中でヒトの受精卵のゲノム編集を実施したチームがあるらしい」という噂が流れてきた時だ。

噂を広げたのは、米国ボストンのマサチューセッツ工科大学(MIT)が発行する科学技術雑誌MITテクノロジーレビュー誌に掲載された3月5日付のニュース記事だった。「パーフェクトベビー(完全な赤ちゃん)を設計する」と題した記事の中で、アントニオ・レガラード記者は、ゲノム編集の最先端技術であるクリスパーが可能にする一連の生命操作について紹介した。その中で、次のように述べたのだ。

「私たちがインタビューした何人かの専門家は、この技術を使ったヒト受精卵のゲノム編集実験が、すでに中国で行われていると話している」

ほどなく、この「噂」は「本当」であることがわかる。4月14日、中国広東省にある中山大学の黄軍就《ファンジュンジュウ》の研究チームが、中国のオンライン版プロテイン&セル誌に論文を公表したからだ。念のため断っておくと「ゲノム編集ベビー」誕生を公言している賀とは異なるチームであり、あくまでシャーレの中の実験だ。

「クリスパー・キャス9によるヒト3前核胚の遺伝子編集」というタイトルの論文で、チームがめざしていたのはヒト受精胚に対するゲノム編集の効率と、遺伝性疾患の予防が可能かどうかを確かめることだった。

このために、研究チームは体外受精で作られた86個のヒト受精胚に対し、クリスパーを作用させた。標的にしたのは、血液中のヘモグロビンを構成するたんぱく質で、「βグロビン」と呼ばれる遺伝子である。第3章でも述べたように、この遺伝子の異常はベータサラセミアと呼ばれる遺伝性の血液疾患の原因となる。

ただ、黄のチームが使ったのは病気の人たちの受精卵ではなく、不妊治療クリニックで体外受精を受けたカップルから提供されたものだ。しかも「3前核胚」と呼ばれる胚だった。通常の胚には卵子由来の核と精子由来の核がそれぞれ1つずつ入っているのに対し、3前核胚には精子の核が2つ入っていて、正常には育たない。彼らは、倫理的な配慮から、人間には育たない胚を使ったのだという。

実験はこの遺伝子の狙った位置を切断するクリスパー・キャス9とともに、修復用の鋳型DNAと、GFP遺伝子をいっしょに入れた。GFPは第2章で紹介したように、下村脩が発見した緑に光るクラゲの遺伝子で、遺伝子の導入を目に見える形で確認するマーカ

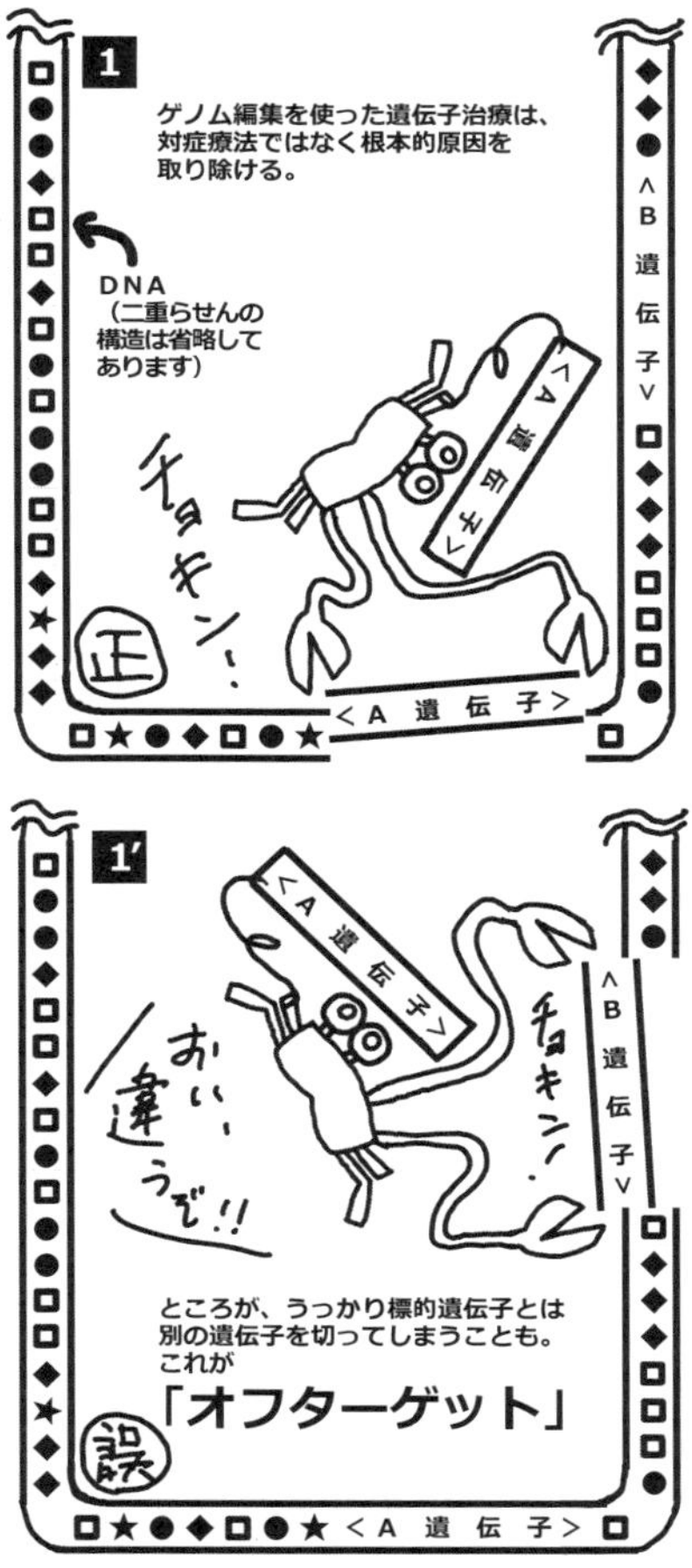

図4－4：ゲノム編集による遺伝子治療のイメージ図。「オフターゲット」とは

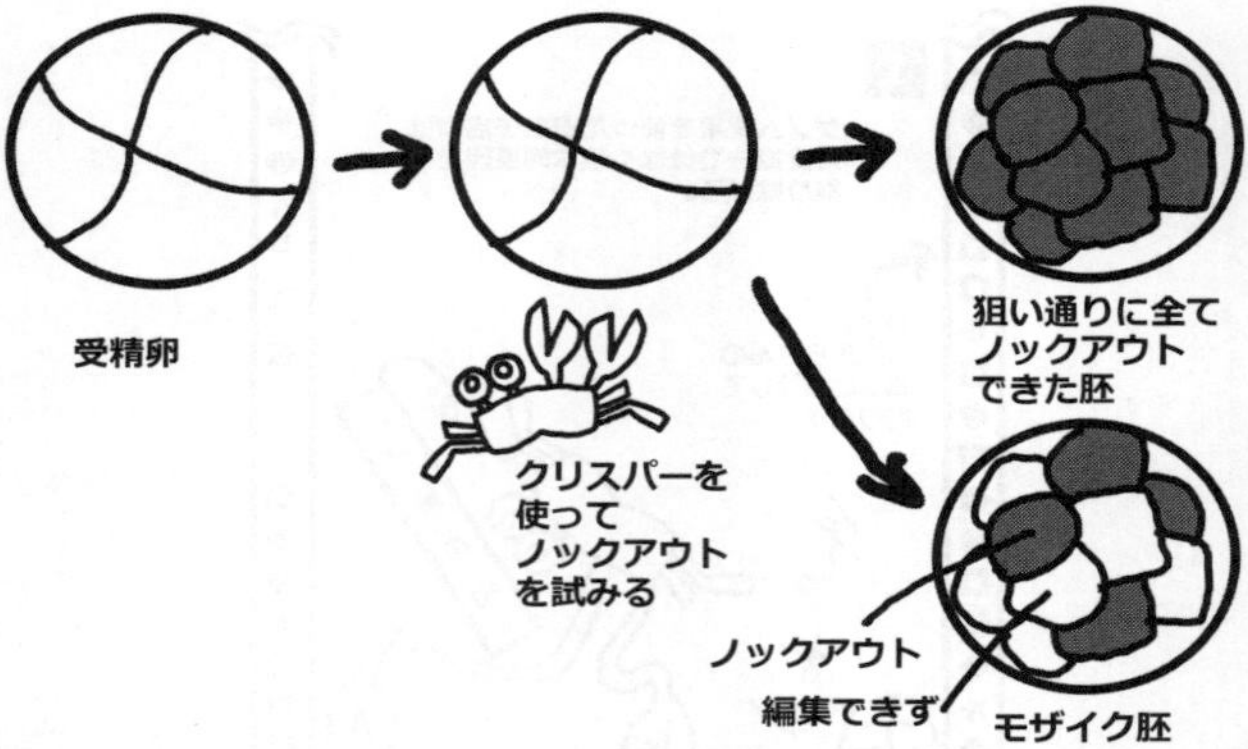

図4−5：モザイク胚のイメージ。このまま育つと遺伝子編集した細胞と、されない細胞が混在する体になる

ーとして使われる。

結果的に、狙いどおりにβグロビン遺伝子を編集できたのは、遺伝子解析した56個の胚のうち4個だけ。これは決して高い効率とはいえない。しかも、狙った遺伝子とは別の遺伝子を編集してしまう「オフターゲット」も見られた（図4-4）。分裂する胚の一部だけが編集される「モザイク」が生じている胚もあった（図4-5）。修復用のDNAの代わりに、別の遺伝子が組み込まれたケースもあった。起きては困ることのオンパレードだったといってもいいだろう。

†有力誌、マスメディアが相次いで警鐘を鳴らす

そもそも、プロテイン&セル誌は、名の通った雑誌ではなかった。論文も実験の不完全

さを認める内容だった。にもかかわらず、この実験への国際的な反応は大きかった。

さきほど述べたMITテクノロジーレビュー誌はもちろん、英国の権威あるネイチャー誌や米国のサイエンス誌が相次いで懸念を表明した。現時点の技術を使った受精卵のゲノム編集は、将来の世代に予測不能なリスクをもたらす恐れがあり、倫理的に容認できないという論調だった。

こうした反応を見るにつけ、たとえシャーレの中の実験でもヒト受精卵の改変は科学界として見逃せないテーマだったことが改めてわかる。

実は、黄らの論文は、ネイチャー誌からもサイエンス誌からも掲載を却下されていたようだ。論文誌側はそのことについてコメントしていないが、著者の側がネイチャー誌のニュース担当記者に明かしている。欧米の主要論文誌がこの研究には「倫理的に問題がある」とみなしたことの表れだったのだろう。

懸念を表明したのは専門誌ばかりではなかった。当時のマスメディアの見出しを見ると、ニューヨークタイムズは「中国の科学者がヒト受精卵を遺伝子編集し懸念を引き起こす」、ウォールストリート・ジャーナルは「中国チームのヒト受精卵の遺伝子操作が反感を招く」、BBCは「ヒト受精卵遺伝子編集をめぐる騒動」といった具合だ。

また、米国の医学研究の元締めであるNIH（国立衛生研究所）所長のフランシス・コリンズは、論文発表を受けて、「米国の連邦政府はそうした研究に資金を助成しない」と４月28日付の声明で宣言し、こう主張した。

「ヒトの受精卵の改変は、長年、さまざまな角度から議論されてきたが、越えてはならない一線であるというのが、ほぼ全世界的な共通認識である。ゲノム編集というエレガントな手法が登場しても、それは変わらない」

さらに、５月26日には米ホワイトハウスが「臨床目的のヒト生殖細胞の遺伝子改変は、この時点で越えてはならない一線」という内容の声明を発表している。まるでよってたかって中国のフライングを批判しようとしているように思える反応だった。

ダウドナが主催したナパ会議での勧告

クリスパーの開発者のひとりであるダウドナはこれより前に行動を起こしていた。第１章で紹介したように、２０１４年にサルの受精卵のゲノム編集が明らかになった時点で、ヒトの受精卵操作の倫理問題について考えなくてはならないと気づいたからだ。

２０１５年１月24日、ダウドナは所属する大学にほど近いワインの産地ナパバレーで、ゲノム編集の倫理的、社会的課題について話し合う小規模なフォーラムを開いた。小規模とはいえ、ここに集まった面々には「なるほど」と思える二人が含まれていた。ポール・バーグとデビッド・ボルティモアである。序章で述べたように、バーグは1970年代に初めて組み換えDNA実験を行い、その後、その安全性がわかるまでモラトリアムを呼びかけた人物だ。ボルティモアは、逆転写酵素と呼ばれる酵素の発見で1975年にノーベル医学生理学賞を受賞した分子生物学者で、バーグとともに当初からDNA組み換えのモラトリアムの議論に加わっていた。

二人は、1975年2月に開催された遺伝子組み換えの歴史的なアシロマ会議の中心人物でもあった。ゲノム編集の開発者のひとりであるダウドナが、バーグとボルティモアにも呼びかけて開いた会議は、アシロマ会議を意識したものだったことは間違いない。

白熱した討論の末に、ダウドナらは論文を「元祖アシロマ会議」と同様、4月3日付のサイエンス誌に公表した。通常の科学論文とは異なり、タイトルは「ゲノム工学および生殖細胞改変に向けた慎重な道筋」。クリスパー・キャス9は、体細胞だけでなく、生殖細胞のDNAも変えられる。それが、病気の治療を越えて広がる「滑り坂」となる恐れもある、と指摘した上で、「たとえ法的に禁止されていなくても、人の生殖細胞の改変の臨床応用の自粛を強く訴える」と勧告した。「世界から専門家や一般市民、政府機関、患者団体を代表する人々を招集し、この重要課題を討議する」とも提案している。

ちなみに「滑り坂」(Slippery Slope)とは、生命倫理の分野でよく使われる言葉で、ある技術の応用を認めると、ずるずると坂を滑るように、その先にある応用も認めることになるという考え方をいう。ダウドナは技術の開発者であるだけに、放っておけば誰かが一線を越える実験をするのではないか、と焦る気持ちがあったのだろう。

†「アシロマ会議ゲノム編集版」に役者が揃う

1970年代の「アシロマ会議」を意識した2015年の「ナパ会議」は、同年12月にワシントンで開催されたゲノム編集の「国際サミット」につながっていった。

国際サミットの主催は全米科学・工学・医学アカデミーズ。科学アカデミーと工学アカデミーと医学アカデミーの集合体なので、ゲノム編集に関連するほとんどの分野をカバーしているといっていいだろう。これに「中国科学院」と「英王立協会」が加わった。

招待者には多様な人々が名を連ねた。ダウドナとともにクリスパーを開発したシャルパンティエはもちろん、二人と特許争いをすることになったMITのファン・ジャン、この世界で話題を撒き続けていたジョージ・チャーチ。著書『優生学の名のもとに——「人類改良」の悪夢の百年』で知られる歴史学者ダニエル・ケヴルズ。当時のオバマ政権の大統領科学技術補佐官のジョン・ホルドレンも招かれた。当然のことながらバーグとボルティモアも参加した。まさに「アシロマ会議ゲノム編集版」である。

この国際サミットの情報は日本でも話題になった。そこで徐々に明らかになってきたのは、日本は会議の中心からかなり遠いところにいるということだった。会議の主催者側に名を連ねたのが、米国以外では「中国科学院」と「英王立協会」だったことがそれを如実に物語っている。日本で正式な招待を受けたのも、ゲノム編集の倫理的社会的影響を論じてきた北海道大学の石井哲也ひとりだった。日本は「蚊帳《かや》の外」といってもよかった。

†サミットの結論は……

ゲノム編集の国際サミットでは3日間にわたり集中的な議論が交わされた。2015年12月3日、会議が終了すると同時に公表された声明の概要をざっくりまとめると、次のようになるだろう。

（1）基礎研究と動物を使う前臨床研究は推進。ただしヒトの生殖細胞にゲノム編集を施した場合はそれを妊娠に用いてはならない。

（2）体細胞をターゲットとするゲノム編集の臨床研究と治療は、従来の遺伝子治療の規制の枠組みで実施することが可能。

（3）生殖細胞のゲノム編集の臨床研究には多くの未解決の課題がある。不正確な編集、他の遺伝子との相互作用、次世代への影響、ヒト集団への広がり、エンハンスメント（強化）による格差拡大、意図的なヒトの進化の変更といったことであり、それらが解消されるまで実施するのは無責任である。ただし、安全性や有効性が確認され、社会的合意が得られた場合には再考が必要だ。

（4）生殖細胞の国際的規制の調和を進めるために、今後、各国の幅広い人々から意見を求めるべきだ。

言い換えれば、ヒト受精胚や生殖細胞へのゲノム編集の臨床応用をこの時点では禁じているが、将来にわたって否定しているわけではない、ということになる。

†NASは「厳格な監視体制」の条件付きで方針転換

もちろん日本も手をこまねいていたわけではなかったが、その話は後述することとして国際的な動向を続けて見ていきたい。

2015年末にゲノム編集の国際サミットが開催された後も全米科学アカデミー（NAS）と医学アカデミー（NAM）は議論を続け、2017年2月に新たな報告書を公表した。生殖細胞の編集に慎重な姿勢を示しつつも、他に治療法のない重い遺伝性の疾患や障害の治療・予防に限って、受精卵や生殖細胞の異常を修正して子どもをもうけることが認められる場合があるとの内容だ。

一般市民の意見も取り入れた上で、厳格な監視体制のもとでのみ認め、長期的な子どものフォローアップも行う、といったいくつもの限定条件をつけてはいるものの、生殖細胞改変の臨床応用を禁じた2015年末の国際サミットの結論からわずか1年余りで、方針転換したことになる。かなり早い心変わりだ。

ここで念頭にあるのは、1つの遺伝子の変異が病気につながる単一遺伝性疾患だ。現時点では、生殖細胞の遺伝子操作研究に連邦政府の資金を用いることが禁じられているが、将来の可能性や、民間資金による研究・臨床応用の可能性に道を開いたことになる。

報告は、治療や予防以外の目的での生殖細胞のゲノム編集は禁じている。能力を強化したり、外見を変えたりする「エンハンスメント」の禁止であり、言い換えれば「デザイナーベビー」の禁止と言ってもいいだろう。

†英国の評議会も条件付きで容認へ

英国でも、独立機関であるナフィールド生命倫理評議会が2018年7月に、一定の条件のもとで、次世代に伝わる生殖細胞のゲノム編集は認めうるという報告を公表している。その条件は2つ。「生まれてくる子どもの福祉」と「社会正義と連帯に反しないこと」だ。

後者は、社会における格差や差別、分断を助長しないということを意味している。英国は生殖細胞の遺伝子操作の臨床応用を法律で禁じているので、これもすぐに可能になるというわけではない。だが、この先はわからない。

では、ゲノム編集が使われる可能性のある具体的な臨床応用の例にはどんなものがあるのか。報告書が挙げるのは、以下のようなケースだ。

・ハンチントン病など優性遺伝性疾患で、両親のどちらかが変異遺伝子のコピーを2つ持っている場合。

・嚢胞性線維症《のうほうせいせんいしょう》や鎌状赤血球症などの劣性遺伝性疾患で、両親のいずれもが変異遺伝子のコピーを2つ持っている場合。

これらのケースは体外受精した受精卵の中から変異のないものを選ぶ着床前診断によって病気の子どもの出生を防ぐことができないことから、「両親が自分たちの遺伝子を受け継ぎ、かつ病気を受け継がない子どもをもうけたい」と思った場合には唯一の方法となる、というのは確かにその通りだろう。

しかし、こうしたケースは非常にまれだ。病気の種類によってはその前の段階で着床前診断が考慮されるのではないだろうか(ここで、着床前診断が望ましいと言っているわけではないことはお断りしておきたい)。

こうした議論が進んでいるところへ、青天の霹靂《へきれき》のように降ってわいたのが、中国の賀建奎による「ゲノム編集ベビーの双子誕生」の公表だった。

香港の国際会議で賀が語った内容は、おおむね次のようなものだった。

†ＨＩＶの感染防止というが……

ゲノム編集のターゲットとしたのは、エイズウイルス（ＨＩＶ）の感染に関係するＣＣＲ５遺伝子だ。ＣＣＲ５はＨＩＶが細胞に感染する時の「入口」になる受容体たんぱく質で、この遺伝子に変異があるとＨＩＶが感染できなくなる、という話は第３章の体細胞ゲノム編集でも紹介した通りだ。

賀はクリスパーを使い、マウスを使った実験や、サルを人間のモデルとして使った実験、シャーレの中でのヒト受精胚実験やヒトＥＳ細胞を使った実験を行い、最終的に臨床応用したという。

実験の参加者はエイズの患者団体から、夫がＨＩＶ陽性で妻が陰性のカップルをリクルートした。そのうち７組を対象に体外受精した受精卵にクリスパー・キャス９を作用させ、ＣＣＲ５遺伝子のノックアウトを試みた。

このうち１組から双子の女の子が生まれたという。賀は双子を「ルル」と「ナナ」と呼んでいた。

　体外受精に当たっては、受精卵へのＨＩＶ感染を防ぐため、精子洗浄をしてからマイクロピペットで精子を卵子に直接注入する顕微授精を実施した（図4-6）。受精から5日目に受精卵が胚盤胞になった段階で数細胞を取り出し「着床前遺伝子診断」を実施した。その結果、4つの受精胚のうち2つで目的の遺伝子に変異が入っていた。

　1細胞の全ゲノムシーケンスの結果では、片方の受精胚に標的外の場所に変異が入るオフターゲットが1つ見られた。

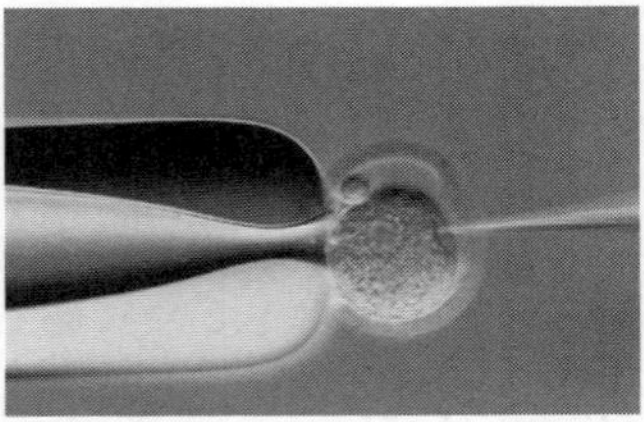
図4-6：顕微授精のイメージ（写真：Agence Phanie/アフロ）

ただ、遺伝子と遺伝子の間にある配列で、どの遺伝子からも遠く、ＲＮＡの転写にも関係がないため、影響は考えにくいと判断したという。「両親にはこうしたリスクを伝えた上で選択してもらい、彼らは編集された2つの受精胚の移植を選んだ」と賀は主張した。
　これを聞いた時には、「インフォームド・コンセント」（十分な説明を受けた上での同意）の名を借りた両親への責任転嫁ではないかと怒りが湧いた。
　講演後の質疑応答でも同意文書や同意の取り方について質問が出たが、賀は「同意文書は複数の人に見せ、同意取得には米国や中国の教授が立ち合った」「両親は教育レベルが高いので、よく理解していた」と述べたものの、同意が適切であったかどうかを知る手がかりはなかった。

双子を妊娠中に妊婦の血液に浮遊する胎児細胞の遺伝子を調べた結果ではオフターゲットは見られず、双子が誕生した後に、臍帯血《さいたいけつ》や臍帯、胎盤の細胞のＤＮＡを分析した結果でも、着床前診断で見られたオフターゲットは見られなかったと主張した。賀は「１細胞を診断したことによるデータの誤りか、もしくは診断した細胞だけに生じた変異かもしれない」と語った。

双子が実際にＨＩＶ感染しないか、本当にオフターゲットやモザイクが存在しないかについては、双子の細胞で確認しているところという。さらに今後18年間は彼女たちをモニターし、支援するとも述べた。

†「ルル」「ナナ」の実在は否定できず

その後に質疑が続いたが、聞き終わって、脱力感を感じた。まず事の真偽だが、データを見せられただけではわからない。双子が実在しなくても、データは示せるからだ。実在を証明するには、まったく独立した第三者が、両親と双子の遺伝子を解析し、実際にゲノム編集が施されたことを確かめる必要がある。

ただ、私が聞いてみた多くの科学者も、そして私自身も感じたのは、「本当であってもおかしくない」ということだった。なぜなら、これまで何回も述べてきた通り、クリスパー・キャス9を受精卵に使うことは、ある程度の知識のある研究者なら誰でもできるからだ。

ヒトの受精胚を扱えるのは産科婦人科医に限られるが、クリスパーを受精胚に注入する操作は通常の顕微授精と変わらない。

だからこそ、「ルル」と「ナナ」の実在は否定できないわけだが、その上で感じるのは非倫理的、軽率、無責任、不透明といったさまざまな問題だ。

まず納得しがたいのは、今回のケースでは受精卵のＣＣＲ５遺伝子を改変する医学的必要性がない点だ。父親がＨＩＶ陽性でも、生まれる子どもに感染させずにすむ方法はある。実際、賀は「精子洗浄と顕微授精」で感染を防いだと述べている。

だとしたら、なぜ、子どものＣＣＲ遺伝子をわざわざノックアウトする必要があるのか。周囲にＨＩＶ陽性の大人がいるからといって、子どもをＨＩＶ耐性にする必要はないだろう。しかも、この遺伝子をノックアウトすることによって、西ナイルウイルスなど別の感染症にかかりやすくなるリスクもある。こうした疑問に対する賀の明確な答えはなかった。

†子どもたちへの悪影響は未知数

調べた範囲でオフターゲットやモザイクが見られなかったとしても、見落としもあるだろう。予想外の悪影響が出ることもありうる。実際、海外の研究者の間からは懸念の声が漏れている。賀の発表データを見ると、双子の1人は両親から受け継いだ2コピーのCCR遺伝子のうち1コピーしか編集されていない。するとこの子はHIV耐性にならないはずだ。もう1人は2コピーに変異が入っているものの、双子のどちらもCCR5遺伝子の通常の変異とは異なる変異が入っているようで、後々の影響はわからないと指摘する声もある。

子どもに異常が生じるリスクや、長年のモニターの必要性を考えると、子どもを実験材料に使ったとしか思えなくなる。今後もモニターされるという双子は、それに同意したわけでさえない。

これほど懸念材料があるのに、今回の試みがどのような倫理審査を経たかについても賀は明確に答えなかった。賀が双子を出産させたことについて、所属大学も知らなかったという。この研究に参加した夫婦には出産などの経費として約450万円が支払われたという報道もあり、その倫理性も問われる。

賀はヒト受精卵に「エンハンスメント」（強化）を施すことには反対だと言っているが、HIV耐性という医学的に不要な性質を子どもに付与することは「エンハンスメント」に当たるとも考えられる。「感染症にかかりにくい性質」を付け加えてもいいのなら、「がんにかかりにくい」も「高血圧になりにくい」もいいだろうし、「身長が高い」「運動能力が高い」といった遺伝子改変にもつながっていくだろう。

まさに、デザイナーベビーや優生学的利用、人類の遺伝子の改変に向けた「滑り坂」の第一歩という懸念がぬぐえない。

†中国当局も調査へ

賀の発表に対しては中国国内の報道でも批判が溢れ、中国当局も調査を始めたという。中国科学技術省が賀の研究活動の停止を指示したとの報道もある。ただ、すでに双子が生まれていれば、違法であっても手の打ちようがない。こうしたことが起きないように、各国はもちろん、国際社会も手立てを考えざるを得ないだろう。

ここで、各国の規制を概観しておきたい。遺伝子操作したヒト受精胚の胎内移植は、欧州ではドイツやフランス、英国などが法律で禁じている。米国はヒト受精胚の遺伝子操作に連邦資金を投じることを禁じ、臨床研究は当面審査しない。中国も国の規則で遺伝子操作したヒト受精胚から子どもを誕生させることを禁じている。

そこで日本の規制を改めて振り返ると、生殖細胞の遺伝子改変については法規制がない。政府の遺伝子治療の臨床研究指針で遺伝子操作したヒト受精卵を子宮に戻すことは禁じられている。ただ、これはあくまで「臨床研究」の位置づけだ。医療行為として実施された場合には罰則がないとの見方もある。

とすると、賀のようなケースを防ぎきれるのか。ここで改めて、ヒト受精胚のゲノム編集をめぐる日本の議論を見ていくことにする。

†ヒト受精胚をめぐる日本の議論

日本でヒトの受精胚や生殖細胞に対するゲノム編集を包括的に検討してきたのは主として2つの組織、内閣府の「生命倫理専門調査会」と、欧米の科学アカデミーに相当する「日本学術会議」だ。

生命倫理専門調査会は、政府の「総合科学技術会議」（現「総合科学技術・イノベーション会議」）のもとに設けられた組織で、2015年からゲノム編集の検討を始め、2016年4月に「ヒト受精胚へのゲノム編集技術を用いる研究について」の中間報告をまとめた。

実は、私自身、生命倫理専門調査会のメンバーである。当事者のひとりとしてどうなんだ、と言われるのは覚悟の上で、ここでは、あたかも外側から眺めているように議論を概観することをご勘弁いただきたい。

生命倫理専門調査会が議論の土台にしているのは、総合科学技術会議が2004年にまとめた「ヒト胚の取扱いに関する基本的考え方」だ（略して「ヒト胚」とか「基本的考え方」などと呼ばれる）。

英国でクローン羊ドリーの誕生が明らかになった1997年、日本にはクローン人間作りを規制する法律がなかった。そこであわてて「ヒトに関するクローン技術等の規制に関する法律」（クローン技術規制法）を作って2000年に公布したが、その時はヒトの受精胚についてじっくり検討することができなかった。その後議論を重ねてまとめたのが「ヒト胚の取扱いに関する基本的考え方」だ。

検討の過程で、ヒト受精胚は「人」そのものではないとしても、「人の生命の萌芽」であり、「人の尊厳」の維持のために特に尊重されるべき存在である、と位置づけられた。その上で、「ヒト受精胚の研究目的での作成・利用」は認められないが、例外的に認められる場合があるとした。

具体的には、以下のように整理されている。

（1）「生殖補助医療研究」のための作成・利用は容認し得る。
（2）「先天性の難病に関する研究目的」の作成・利用は、現時点では必要性がないが、容認する余地はあり、将来、必要が生じた時点で検討する。
（3）「ヒトES細胞樹立」のためには、新たな作成・利用は認めない。
（4）その他の作成・利用については、将来新たな研究目的が生じた際に検討する。

また、ヒトの受精胚に対する遺伝子治療は「現時点では容認できない」と明記された。

†生命倫理専門調査会のゲノム編集の議論

生命倫理専門調査会はこの「基本的考え方」をもとに議論し、2016年4月の「中間まとめ」で、ヒト受精胚へのゲノム編集を臨床利用することは現時点では容認できないことを明確に示した。言い換えれば、中国の賀が行ったような、ゲノム編集で遺伝子改変したヒト受精胚を人体に戻して妊娠・出産につなげることを禁じたわけだ。

前に述べたように、遺伝子操作したヒトの受精卵から子どもを作ることは国の遺伝子治療臨床研究の指針で禁じられている。だが、当時の指針はゲノム編集を考慮に入れたものではなかった。遺伝子改変した受精卵を女性の子宮に戻すことを禁じる法律があるわけでもない。そうした状況で受精卵を簡単に編集できる技術が登場したからには、早急に「臨床応用の禁止」を打ち出す必要があった。

ただし、禁止するにはそれなりの理由が必要だ。「中間まとめ」は禁止の理由として以下のような懸念を挙げている。

（ア）オフターゲットやモザイクのリスクがある（おさらいをすると、オフターゲットは標的外の遺伝子に変更を加えてしまうこと、モザイクは一部の細胞だけに変更が加えられる状態のことだ。図4-5参照）。

（イ）遺伝子改変による他の遺伝子等への影響が全く予想できない。

（ウ）世代を超えて残る影響に伴うリスクを払拭できる科学的な実証が不十分で、それを倫理的に問題なく検証することが現在の科学ではできない。

（エ）遺伝子の総体が過去の人類からの貴重な遺産であることを考えると、疾患の原因となる遺伝子を次世代に伝えないという選択よりも、疾患を受け入れられる社会を構築すべきであるとの考えもあり、広く社会の慎重な議論が必要である。

世界的な流れにも沿った見解だと思うが、個人的には（エ）に注目している。ゲノム編集を受精胚に臨床応用しようという考えの背景には、遺伝性疾患を受精卵の段階で治して根絶したいという意図があるだろう。（エ）は、そのために遺伝子改変を急ぐよりも、障害や病気のある人々を受け入れていく社会を作ることが大切なのではないか、という重要な投げかけだと思うからだ。

†求められる現場の透明性

中間まとめは、ヒト受精胚へのゲノム編集について試験管内での基礎研究を認める余地を残した。これを受け、専門調査会はタスクフォースを設置して検討し、2018年3月に「ヒト胚の取扱いに関する基本的考え方」見直し等に係る報告（第一次）をまとめている。わざわざ「第一次」と断っているのは、いくつか考えられる基礎研究の中で「生殖補助医療に資する基礎研究」に絞ってまとめているからだ。

「第一次報告」のポイントは、「余剰胚に限って」ゲノム編集研究の実施を認めた点と、文部科学省と厚生労働省に指針の作成を促した点だ。法規制についても必要性を訴える声が強く、さらに検討を進めることとした。報告は、ゲノム編集が簡便に行えること、不妊治療のクリニックなどでは日常的にヒト受精胚を扱っていることから、ヒト受精胚の遺伝子改変が意に反して誘発される恐れがあることについても改めて触れている。

こうした懸念が生まれるのも、ひとつには日本に生殖補助医療全般を規制する法律がなく、学会の自主規制に委ねられているからだろう。生殖補助医療の現場で何が行われているか、透明性にも欠けていることが人々の懸念を招いている気がする。

専門調査会は「生殖補助医療に資する基礎研究」以外の基礎研究やヒト胚を新たに作製して行う研究についてもゲノム編集の是非を検討提題としている。

†学術会議は法規制の必要性を強調

一方、日本学術会議は2016年7月から検討を始めた。2017年7月まで11回の議論を重ね、「我が国の医学・医療領域におけるゲノム編集技術のあり方」と題した提言をまとめている。ポイントは、「子どもを生み出す生殖医療への応用は、当面禁止し、法規制も検討する」「生殖医療応用を目指すものは、基礎研究であっても当面控える」「それ以外の個別の基礎研究は、国の指針を整備して厳格に審査する」というものだ。生命倫理専門調査会の報告に比べると、法規制の検討が強調されている。

このように、日本でも「ゲノム編集ベビー」の誕生は禁止するというのが政府や学会の合意事項ではあるが、法規制がなければ賀のようなケースは防ぎきれないかもしれない。法規制は今後の重要課題だと思う。

†シャーレの中で進められる受精卵治療

ここで、香港の国際会議に話を戻したい。騒動が大きくなったため、賀建奎の発表は特別枠を設けて実施されたが、本来のセッションは「ヒト受精卵のゲノム編集」をテーマにしたもので、当然、賀以外の発表はシャーレの中での実験についてだった。

シュークラト・ミタリポフをリーダーとするオレゴン健康科学大学のチームが進めるのはクリスパーを使ってヒトの受精卵で遺伝性疾患の原因遺伝子の修復をめざす基礎研究で、2017年8月のネイチャー誌に結果を発表している。注目されたのは、この受精卵をそのまま女性の子宮に戻せば遺伝性疾患を免れた子どもが生まれると思われたからだ。

実験は複雑で巧妙なやり方で行われているが、概略は次のようになる。ターゲットは遺伝性の心筋症を引き起こす遺伝子の変異。若者の突然死の原因として知られ、五分五分の確率で親から子に受け継がれる。研究チームはこの遺伝子変異を持つ男性から精子を、複数の女性から変異のない卵子を提供してもらい、顕微授精させた。その際に、遺伝子変異を修復するクリスパーも同時に注入すると修復効率が高まることが示された。

論文はゲノム編集の安全性の課題である二大問題、「オフターゲット」と「モザイク」をクリアできる可能性も示していた。「小さな一歩だが、人類にとって大きな飛躍、という感じ」。ゲノム編集を開発した二人組のひとり、米国のジェニファー・ダウドナもニューヨークタイムズにコメントしていた。

しかしその後、米コロンビア大学のディエター・エグリなどが「これは修復ではなく、遺伝子を大きく削除しただけではないか」と疑問を呈した。香港では研究チームのひとりがさらに反論。応酬は続きそうだ。

着々と進む「受精卵編集ベビー」に向けた試み

ミタリポフに続き中国の広州医科大学病院、上海技術大学などのチームが2018年8月のモレキュラー・セラピー誌電子版に発表したのは、「マルファン症候群の受精卵の遺伝子変異をクリスパーで修復した」という論文だった。

マルファン症候群は常染色体優性の遺伝性疾患で、FBN1と呼ばれる遺伝子の変異が病気を起こすことが知られている。体の骨組みとなる組織が弱くなり、さまざまな症状が出る。大動脈瘤《りゅう》破裂や大動脈解離といった重い症状を起こす場合もある。約5000人に1人がこの疾患の遺伝子変異を持っていると考えられ、日本の患者は約2万人といわれる。症状には高身長や長い手足・指も含まれ、アメリカ合衆国第16代大統領のリンカーンもこの遺伝子変異を持っていたのではないかと言われてきた。

広州医科大などのチームは、健康な女性から提供を受けた卵子と、マルファン症候群の男性から提供を受けた精子を体外受精して、マルファン症候群の受精卵を作製。このうち18個にクリスパーを作用させたが、それ以前と異なるのは「1塩基エディター」と呼ばれる新しい技術を使った点だった。従来のクリスパーのようにDNAの二重鎖を切断することなく、DNAの上に並ぶ4種類の塩基でできた遺伝暗号（A、T、G、C）の1文字を変更することができる。マルファン症候群の変異は1塩基の変異なので、「1塩基エディター」の格好のターゲットということだろう。

研究チームがこれを作用させた結果、18個の受精卵のうち16個で原因遺伝子の変異が修復された。しかも、誤った遺伝子を編集してしまう「オフターゲット」は見られなかったという。この結果から、研究チームは「効率よく安全にマルファン症候群の原因遺伝子を受精卵で修復できることが示された」と述べている。「受精卵編集」の臨床応用をめざす一言だと感じるが、私には前のめりの姿勢に思える。

中国ではこれ以外にも遺伝性疾患の予防を目的とするヒト受精卵の編集実験や、賀と同様にCCR5遺伝子を標的としたヒト受精卵の編集実験が実施されている。

†英国における万全な規制と透明性

こうした受精卵編集に比べると「堅実」とも見えるのが英国フランシス・クリック研究所の発生生物学者キャシー・ニアカンのチームが行っている研究だろう。彼女たちがめざしているのは、ヒト受精卵が発生する過程で遺伝子がどのように働いているかを解明することだ。ゆくゆくはこれを、通常の不妊治療に役立てるのが狙いだ。

なぜ動物実験ではだめなのか。その疑問に対しては、マウスとヒトの受精卵の発生の過程で遺伝子の働き方が異なることを観察実験で示し、ヒトの受精卵を使う必要性を強調した。

英国は生殖技術の研究と応用については、世界に冠たる規制と監視組織を持っていることで知られる。1990年にヒト胚の研究と生殖補助医療を包括的に規制するHFE法（ヒトの受精と胚研究に関する法律）を制定し、法に基づく監督機関としてHFEA（ヒト受精・胚研究許可庁）を設立、ヒト受精卵を使う研究・医療のすべてについて、実施施設や責任者の許認可を行い、実績もすべて記録にとどめる。

ニアカンのチームもこの法に則ってヒト受精胚のゲノム編集を申請し、2016年に承認された。彼らがターゲットとしたのはOCT4の遺伝子。これは日本人には馴染みの深い遺伝子ではないだろうか。なぜなら、山中チームによるiPS細胞作りに使われた遺伝子で、「ヤマナカ・ファクター」のひとつだからだ。

ニアカンのチームは、不妊治療のために作られ、もはや使用予定のない余剰胚の提供を受け、58個の受精卵にクリスパーを作用させ、OCT4の働きを止めて観察した。

その結果、クリスパーを作用させていないコントロールの受精卵では半数が胚盤胞まで発生したのに、ゲノム編集した受精卵で胚盤胞まで発生したのは2割だった。胎盤に成長するはずの細胞にも異常が見られたという。

私は、2018年9月にニアカンをフランシス・クリック研究所に訪ねて話を聞いた。その時に最も強く感じたのは、英国にはこうした研究を実施するための規制や体制が整っていて、透明性も高い、ということだった。さらに、これまでの積み重ねの上に、今、この実験が必要なのだという強い信念がニアカンに感じられた。

その上で日本の体制を見ると、規制にしても透明性にしても心許なく、不安になる。研究の基盤も弱い。「英国で認められているのだからいいだろう」という議論は、少なくとも日本では成立しないと改めて感じる。

人間の生殖細胞のゲノム編集をめぐる議論は今後どのように展開していくのだろうか。賀の発表を知った研究者の中には、「これは氷山の一角ではないか」とみる人もいる。中国ではもっとたくさんゲノム編集ベビーが生まれているに違いないし、米国でも、もしかすると日本でも？　という見方だ。もちろん憶測ではあるが、賀の発表を知ると、一笑に付せないところが恐ろしい。

ＨＩＶ感染防止はともかく、「遺伝性疾患を防ぐ」という目的ならゲノム編集した人間の誕生は許容できる、と考える人が今後増えていくのだろうか。しかし、生まれてくる子ども、それに続く次世代にとって、安全である保証はない。それが人類全体の遺伝子プールに与える影響もわからない。

たとえば、第3章で述べた鎌状赤血球症の人たちは、マラリアに対する抵抗性を持っている。鎌状赤血球症はアフリカに多く、病気の原因となる遺伝子変異がマラリア抵抗性を示すために、進化の過程で生き残ってきたと考えられる。こうした遺伝子変異を一掃してしまうことをどう考えるか。なかなか難しい問題だ。

ゲノム編集ベビー出産の目的が「遺伝性疾患の予防」に留まり続ける保証もない。好みの目の色や肌の色を持った、背が高くて、運動能力の高い、生活習慣病にもかかりにくい子どもがほしい――。人々のそんな欲望をこの技術がさらにかき立てるとしたら。

そして、目的が何であれ、いったんゲノム編集した子どもが生まれてくれば、しまったと思っても、元に戻すことはできないのだ。

第5章

種を「絶滅」に導く遺伝子ドライブの脅威

†そんなことができるの？

この本の「はじめに」で、ゲノム編集には「デジャブ」（既視感）がある、と書いた。ここまで書いてきてやはりその通りだったと感じるが、実はひとつ、ゲノム編集が可能にした技術で、既視感のないものがある。言い換えれば、「えっ、そんなことができるの？」と思わせる利用法だ。

その名も「ジーンドライブ」（遺伝子ドライブ）。遺伝子がドライブする？　なんだか不思議な言葉だが、一言でいうと次のような技術だ。

「植物や動物の集団全体を短期間で改変する最先端の遺伝子技術」（ネイチャーダイジェスト）

「有性生殖により親から子に遺伝的要因が伝わる能力が強化される偏った遺伝のシステ

ム」（全米科学アカデミー）

「特定の遺伝子あるいは遺伝子群が偏って遺伝する現象」（Wikipedia）

これでわかっていただけただろうか、といってもそれは無理な相談だろう。そこで私が最初に「そんなことができるの？」と思った例から紹介したい。感染症を媒介する蚊の撲滅をめざす研究だ。

†蚊は撲滅できるか

世の中に蚊が媒介する感染症は数多くある。マラリア、ジカ熱、デング熱、日本脳炎、ウエストナイル熱、チクングニア熱等。いずれも、ワクチンなどこれまでの手法では撲滅することがむずかしい感染症だ。

この中で、まず遺伝子ドライブによる根絶のターゲットとなったのはマラリアだ。アフリカやアジアなどの亜熱帯・熱帯を中心とする感染症で、年間数十万人が亡くなっている。病原体はマラリア原虫だ。マラリア原虫にはいくつか種類があるが、いずれもプラスモディウム属の仲間である。これを媒介するのがハマダラカと呼ばれる種類の蚊だ。

マラリア原虫を媒介する蚊を絶滅、または激減させれば、マラリアを撲滅できるのではないか。そんな考えは以前からあったが、実現する手段はなかった。最新のクリスパー技術を利用してこれに取り組んだのが、英国インペリアルカレッジ・ロンドンのトニー・ノーラン、アンドレア・クリサンティのチームだった。

†不妊遺伝子を利用した遺伝子ドライブ

2015年12月7日のネイチャー・バイオテクノロジー誌に発表された論文によると、チームはまず、アフリカの代表的なマラリア媒介蚊であるガンビエ・ハマダラカの不妊に関係する遺伝子を突き止めた。この遺伝子の変異を両親から受け継ぎ、相同染色体の対立遺伝子の両方に変異が入ると、メスの蚊が不妊になる。オスは変異を2コピー受け継いでも不妊にはならない。

通常の古典的なメンデル遺伝に従えば、特定の遺伝子変異を1コピー持つ生物個体がいた場合、その変異が子孫に伝わる確率は50パーセント。世代を経るごとに変異が増えていくことはなく、逆に薄まっていくはずだ（図5-1）。たとえば、不妊の遺伝子変異を1コピー持つ蚊が出現しても、その蚊が変異を持たない普通の野生型の蚊と交配すると、その子どもの2匹に1匹の割合で不妊の遺伝子変異を1コピー持つだけで、半数は変異を持たない野生型になる。これらの子孫が次々に交配を繰り返すうちに、不妊遺伝子は薄まっていく。

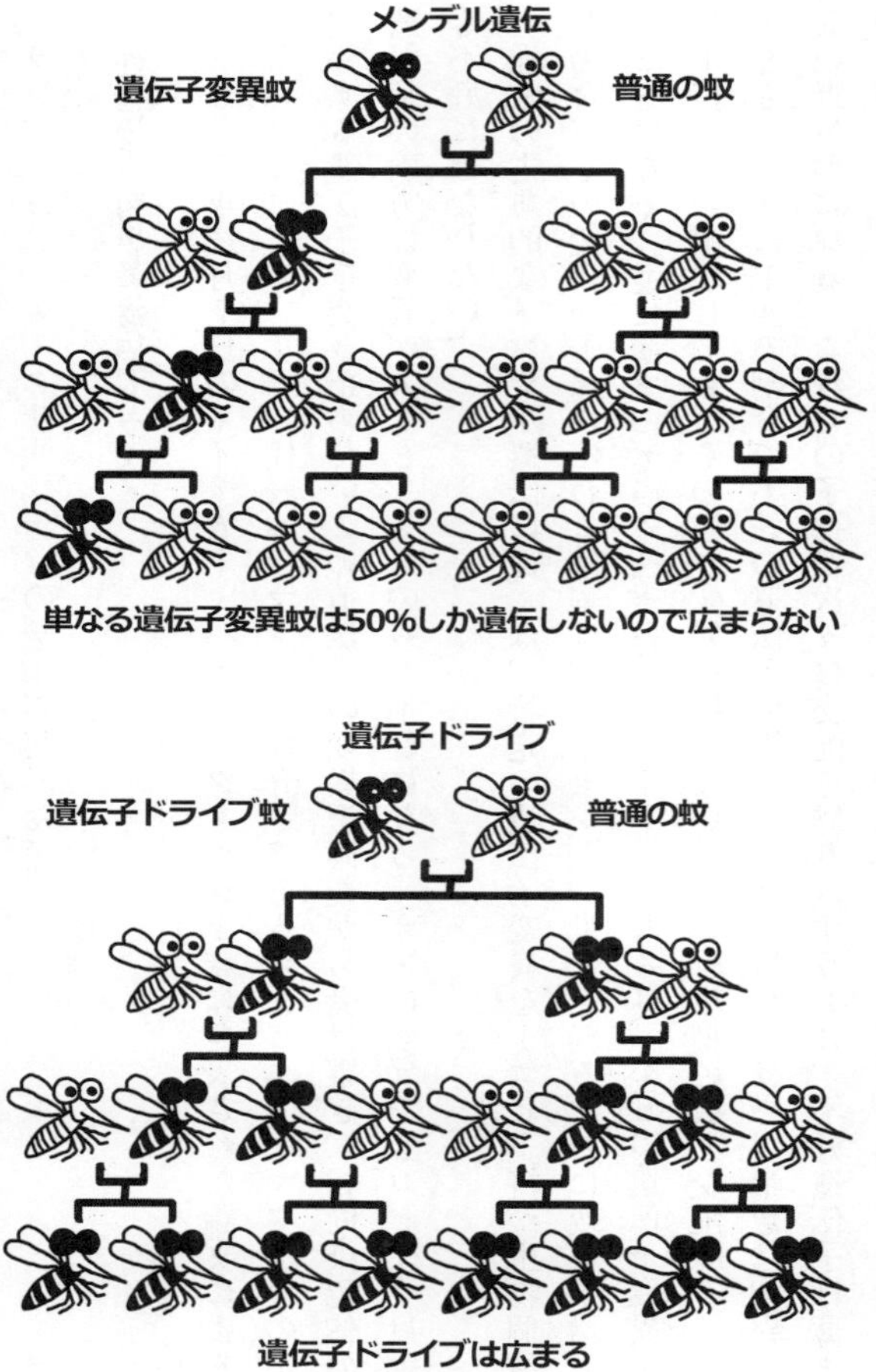

図5－1：通常のメンデル遺伝（上）と、遺伝子ドライブ（下）の違い

ところが、ここにクリスパーを使った遺伝子ドライブを作用させると、遺伝子変異が50パーセントを超えて子孫に伝わっていくのだ。なぜなら、相同染色体の片方に1コピー導入された遺伝子変異を、これとペアを成すもう片方の染色体にもコピーする、というのが遺伝子ドライブの働きだからだ。

この時、遺伝子変異がコピペされるだけでなく、コピペマシンそのものもコピペされる、というイメージを思い描いてほしい。これが遺伝子ドライブシステムだ。

この「変異コピペマシン」を持つ蚊が普通の野生型の蚊と交配し、子孫が「変異コピペマシン」を1コピー受け継ぐと、その変異は相同染色体の同じ位置にコピーされる。次世代以降も同じ。その結果、変異遺伝子を2コピー持つ蚊がどんどん増えていく、という仕組みだ。

ノーランのチームが、閉鎖ケージの中に普通の蚊と不妊遺伝子ドライブ蚊を300匹ずつ入れて行った交配実験では、4世代で75パーセントの子孫に不妊遺伝子が受け継がれ、5世代で約90パーセントの子孫に不妊遺伝子が受け継がれたという。

不妊遺伝子を2コピー持つメスは不妊なので、オスと交配しても子孫は生まれない。結果的に蚊の数はどんどん減っていくことになる。

このように、クリスパーを使った遺伝子ドライブは、特定の遺伝子変異を集団の中に急速に広めるシステムだ。このシステムが働くのは有性生殖する生物に限られる。さらに、世代交代の早い生物でないと短期間に特定の遺伝子を広めることはできない。

†生態系の改変につながらないか?

ノーランのチームが試したように、遺伝子ドライブで不妊遺伝子の拡散を進めれば、理論的にはターゲットとした蚊を撲滅できるかもしれない。夏になると必ず蚊に悩まされている身としては、それが感染症対策であってもなくても、蚊が撲滅できるならありがたい。とはいうものの、諸手をあげて賛成するわけにもいかない。なぜなら、やっかいな昆虫であっても、ひとつの種を人為的に一掃してしまうことで自然界のバランスがどう崩れるのかは未知数だからだ。

この懸念に対して、ノーランは当時、BBCに次のようにコメントしていた。

「世界中に3400種の蚊がいて、マラリアを媒介するガンビエ・ハマダラカは、アフリカに生息する約800種の蚊の1種に過ぎません。だから、特定のエリアでこの蚊を抑制しても、生態系へのさほど大きな影響はないでしょう」

この実験は不妊遺伝子ドライブが原理的に働くことを示すものだったが、まだ不完全で、遺伝子ドライブに対する耐性が生じ、変異遺伝子の拡散は徐々に抑制されたようだ。

その後もノーランとクリサンティのチームは研究を進め、2018年9月に、今度は昆虫の雌雄決定に関わる遺伝子の変異をガンビエ・ハマダラカに広める遺伝子ドライブ実験の成果をネイチャー・バイオテクノロジー誌に公表している。この雌雄決定遺伝子も変異が入るとメスに不妊を引き起こす性質があり、7〜11世代後には、新しい蚊がまったく生まれなくなったという。実験空間における事実上の「絶滅」で、この遺伝子は将来の野外実験に適したターゲットだとも述べている。

マラリア媒介蚊の撲滅に向けた一歩という位置づけだと思うが、やはり生態系への影響を気にしないわけにはいかない。

†自然界のバランスを壊さずに……

ノーランのチームとは違って、蚊を絶滅させずにマラリアを撲滅する方法を考えている研究チームもある。米カリフォルニア大学アーバイン校の分子生物学者、アンソニー・ジェームズのグループは、ノーランらが使った蚊とは種類が違うハマダラカに遺伝子ドライブを作用させ、マラリア抵抗性の遺伝子を拡散することに実験室で成功した。ノーランのチームより少し早く、2015年12月にこの成果を米国科学アカデミー紀要（PNAS）に発表している。

ジェームズはこれより少し前に、マラリア抵抗性のハマダラカを遺伝子操作で作ることには成功していた。マラリア原虫に対する抗体の遺伝子を組み込み、蚊の体内で感染性のあるマラリア原虫が育たないようにしたものだ。だが、この遺伝子を蚊の集団にすばやく広める方法がなかった。

そこへ登場したのが、クリスパーだ。ジェームズのチームは、クリスパーを利用してマラリア抵抗性遺伝子を入れた遺伝子ドライブを作製。これをハマダラカの受精卵に導入することで、マラリア抵抗性の遺伝子を子孫に100パーセント近く伝えることに成功した。もちろん、実験室の閉鎖空間での話だ。

この時、ジェームズは「まだ完全ではないが、マラリア撲滅を現実にする第一歩だ」と所属するカリフォルニア大学のニュースサイトにコメントしている。

†遺伝子ドライブの歴史

ジェームズの実験は後でもう一度紹介することにして、遺伝子ドライブの歴史を少し振り返っておきたい。

クリスパーを使った遺伝子ドライブが登場する前から、こうした原理のアイデアはあった。そのヒントとなったのが、自然界に存在する「ホーミング・エンドヌクレアーゼ」と呼ばれる酵素の遺伝子だ。「利己的な遺伝子」とも呼ばれ、両親から受け継いだ相同染色体の同じ場所に自分自身をコピーする性質を持っている。「利己的遺伝子」といえばリチャード・ドーキンスが提案した概念が有名だが、これとは異なる。

この仕組みをうまく利用すれば「20世代ぐらいで生物種を絶滅させられる」と考えたのが、英国インペリアルカレッジ・ロンドンの進化遺伝学者オースティン・バートだ。このアイデアは2003年の英ロイヤルソサエティ紀要に発表されたが、実際に集団への拡散が実現できることがわかったのは、効率のよいクリスパーが登場してからだ。バートはノーランたちの研究にも参加し、10年越しのアイデアを実現しようとしている。

†実験室での〝自動変異コピペマシン〟の威力

ここまで「マラリア撲滅」を目指す遺伝子ドライブ実験を紹介してきたが、実はクリスパーを使った遺伝子ドライブの応用実験は、蚊を対象にしたものが初めてではない。遺伝子ドライブの威力を示す「ランドマーク実験」とも言われるのは、カリフォルニア大学サンディエゴ校のイーサン・ビアと、バレンチノ・ガンツが2015年3月にサイエンス誌に公表したショウジョウバエの実験だ。

サイエンス誌のニュース記事によれば、その前の年、ビアのラボで研究する博士課程の大学院生だったガンツは、ショウジョウバエの羽の静脈の発生を調べていた。このため複数の変異が入ったショウジョウバエを作ることになったが、それにはたくさんのハエを何世代にもわたって交配する作業が必要で、時間も手間暇もかかることがわかっていた。

そこでガンツが注目したのが、数年前に開発されたクリスパーだった。この新技術を使って、一度染色体に組み込めば、その後は自ら変異を次々コピペしてくれる「自動コピペマシン」ができないか、と考えたのだ。実験の省力化を狙う、いかにも学生らしい発想だ。

通常のクリスパーは、第1章でも紹介したように、センサーで標的DNAを探し、ハサミでそのDNAをカットしたら、終わり。

自然の力で修復される時に標的遺伝子が「ノックアウト」される。もしくは、そこに「編集用DNA」を一緒に入れておけば、これを標的の場所に入れ込む「ノックイン」ができる。この時にノックインされるのは「編集用DNA」だけで、センサーとハサミの遺伝子は、一度働いたらお役御免となる。

では、遺伝子ドライブは何が違うのかといえば、標的遺伝子を切断したところに「センサーとハサミの遺伝子」も組み込む、という点だ（図5-2）。これが前述した「コピペマシン」＝「遺伝子ドライブ」だと思ってほしい。

たとえば、ある標的遺伝子の変異を生物の集団に広めたいと思ったら、まず、「センサ

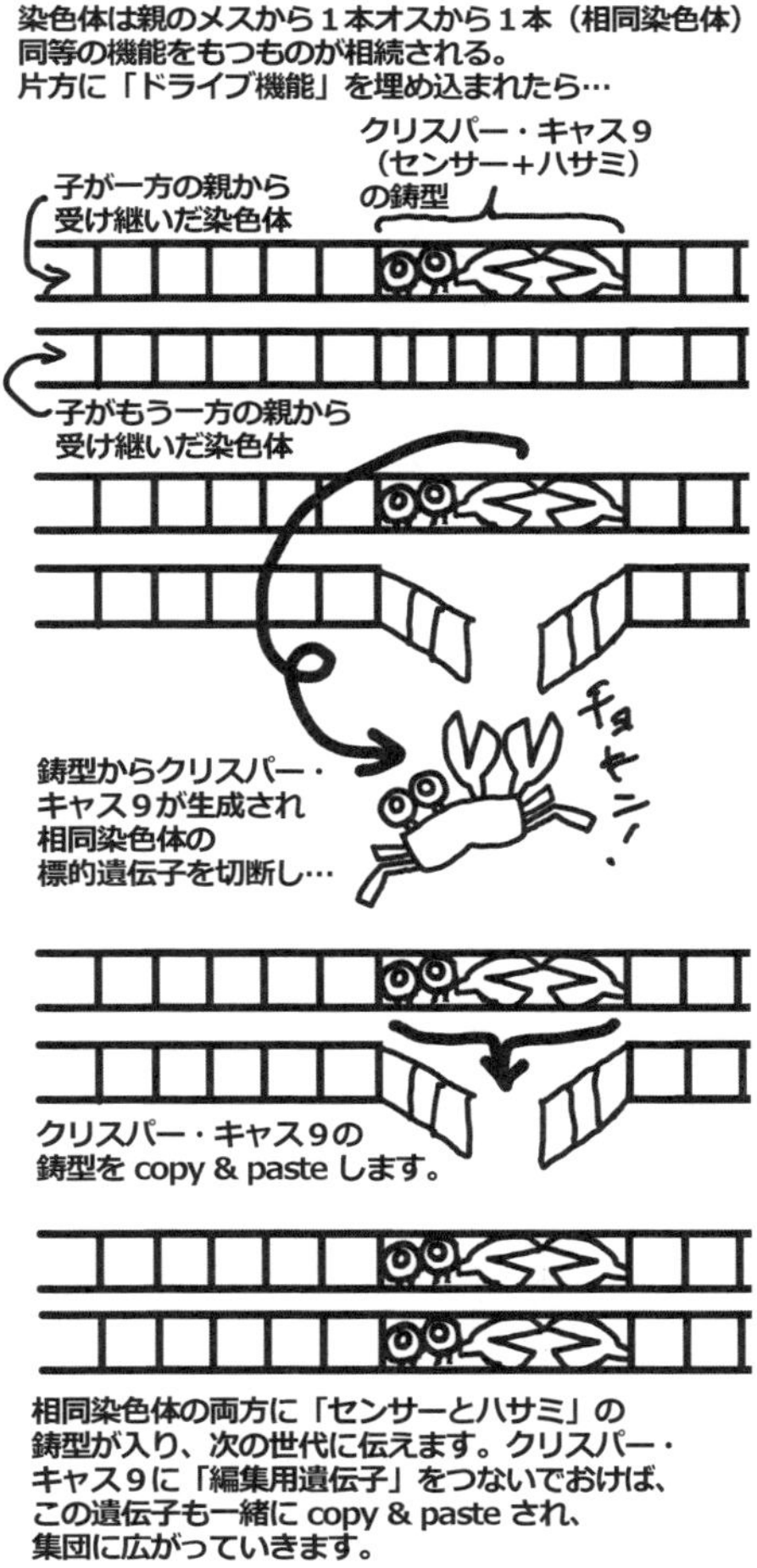

図５－２：〝コピペマシン〞遺伝子ドライブが伝わる仕組み

ー＋ハサミ」の遺伝子の両端に標的遺伝子と同じ配列をつないだDNAを用意する。これが遺伝子ドライブで、遺伝子の運び屋であるプラスミドを使って受精卵に作用させる（おさらいをすると、センサーは「ガイドRNA」、ハサミは「キャス9たんぱく質」だ）。

すると、遺伝子ドライブから「センサーとハサミ」が読み出されて標的遺伝子を切断し、そこに「センサーとハサミ」の遺伝子がコピーされる。

次に、この「センサーとハサミ」の遺伝子から再び「センサーとハサミ」が読み出されて、相同染色体の同じ標的遺伝子を切断し、ここに再び「センサーとハサミ」の遺伝子がコピーされる。結果的に、相同染色体の両方の標的遺伝子に「センサーとハサミ」の遺伝子が導入されることになる。

この生物が生殖して子孫を生み出す時にも、同じ仕組みで「センサーとハサミ」の遺伝子（「遺伝子ドライブ」すなわちコピペマシン）が両方の染色体に組み込まれる。これを繰り返せば、コピペマシンが生物集団の中にどんどん広まっていく。

この時、コピペマシンが標的遺伝子をノックアウトして変異を起こせば、この変異が拡散していく。コピペマシンに望みの遺伝子もいっしょに組み込んでおけば、その遺伝子が次々と拡散していく、という仕組みだ。これは、なかなかすごいアイデアだ。

†世代を超えて伝わる「遺伝子ドライブ」

このアイデアを実証するために、ガンツとビアが標的としたのは、ショウジョウバエのX染色体の上に載っている色素遺伝子「イエロー」（y）だった。

普通の野生型のショウジョウバエは黄色がかった「褐色」をしているが、このy遺伝子が変異を起こすと色素が欠損して「薄黄色」となる。メスはX染色体を2本持っているので、遺伝子変異が2コピーそろった時だけ薄黄色になり、変異のないy遺伝子を1コピーでも受け継げば褐色になる。ビアのチームは、y遺伝子を標的とする遺伝子ドライブを用意し、これを野生型のショウジョウバエの受精卵に入れ、そこから生まれるハエを野生型と交配させた。

古典的なメンデル遺伝の法則に従うなら、次の世代に生まれるメスは必ず野生型の親から変異のないy遺伝子を受け継ぐので、生まれるメスのハエはすべて褐色のはずだ。

ところが、2014年の12月に実験室で生まれた次世代のメスのハエの中には薄黄色のハエがいた。メンデルの法則ではあり得ないことで、狙い通り1つのX染色体の遺伝子に導入された変異が、対を成すもう1つのX染色体にもコピーされ、2つのX染色体の両方のy遺伝子に変異が導入されたことを意味していた。

彼らは、この遺伝子ドライブが次世代にも伝わって行くかどうかを確かめるため、ここで生まれた薄黄色のメスと、野生型のオスを交配する実験を行った。

暮れも押し迫った12月28日、実験室のケージの中にいるショウジョウバエの集団を見て、思った以上の効果が上がったことを知った。色素が欠損した薄黄色のハエばかりだったのだ。遺伝子変異がコピペマシンごと拡散していくことが確かめられたのだ。

二人は、わずか3日で論文を書き上げて米サイエンス誌に投稿した。「まるで太陽が西から昇ったようだった」。ビアは同誌のニュース記事にコメントしている。彼らにとっても「信じられない！」と言いたくなるほどの顕著な成果だったのだろう。

†赤目の蚊ばかりに

ビアとガンツの論文は世界の研究者に影響を与えた。「これで、自分の長年のアイデアが実現できる！」と思った科学者が何人もいたはずだ。その一人が前述したジェームズだ。長年、マラリア撲滅の手法を考えてきたジェームズにとって、二人の論文はまさに「天の助け」だっただろう。ジェームズはさっそくビアのチームと共同研究を始めた。その成果が先述の2015年12月のPNASの論文だった。

ジェームズのマラリア抵抗性の蚊の技術と、ビアたちの遺伝子ドライブ技術を合体させ、まず「マラリア抵抗性遺伝子ドライブ」を作った。これを、主にアジアでマラリアを感染させているハマダラカの一種に組み込むことにした。

研究チームは、この実験の成否が一目でわかるようにするため、遺伝子ドライブでマラリア抵抗性遺伝子が子孫の蚊にうまく伝わった場合には、蚊の目の色が赤く光るように細工した。ちなみに、このハマダラカの野生型は黒目をしている。ハマダラカの受精卵にこの遺伝子ドライブを導入し、生まれた蚊を野生型と交配させ、そこから生まれた「赤目」と野生型を交配させる実験を繰り返した。

遺伝子ドライブの威力が目に見えて明らかになったのは3世代目の結果だった。全部で3869匹生まれたハマダラカのうち、99・5パーセント近くが「赤目」になったのだ。マラリア抵抗性遺伝子が、ハマダラカの集団に急速に広まったことを意味する驚くべき結果だった。

「この技術を使ったマラリア撲滅に道が開けた」

ジェームズはカリフォルニア大学アーバイン校のプレスリリースに期待を込めたコメントをしていた。

こうした成果について知ると、遺伝子ドライブは、確かに威力のある魅力的なシステムだと感じる。マラリアだけでなく、ジカ熱やデング熱などを撲滅したいと考えている人たちには、飛びつきたくなる成果だろう。

一方で、この技術の潜在力の大きさや影響力を考えると、安全性や倫理性について懸念する声が出るのも当然のことだと思う。

†予期せぬ変異を拡散させるリスク

二人の論文がサイエンス誌に掲載された時に、「この論文は公表すべきでなかった」とコメントした研究者もいる。これまでに何回か登場したハーバード大学の遺伝学者ジョージ・チャーチだ。同誌のニュース記事によれば、「予期せぬ変異の拡散を防ぐ手段が含まれていないから」だ。

ジョージ・チャーチは先端生命技術の応用に非常に積極的で、論争の中心にいる科学者である。マンモスの再生プロジェクトを進めているし、合成生物学にも熱心だ。だからこそ、遺伝子ドライブへの慎重な姿勢は意外な気がしたが、それには訳があるようだ。

実は、チャーチ自身、ビアとガンツの実験以前に、酵母を使って遺伝子ドライブの働きを確かめていた。その際に、遺伝子ドライブの暴走を防ぐビルトインの仕組みを入れたという。たとえば、「ハサミ」にあたるキャス9の遺伝子と、「センサー」にあたるガイドRNAの遺伝子を、1つのカセットに入れず、別々にしてある点がそうだ。

こうした「セーフガード」が不足している、と批判されたビアは、サイエンス誌のニュースでこう反論した。「チャーチの酵母実験で使われているセーフガードは、ミバエでは働きません」。ビアとガンツの共同研究者であるジェームズも、「この発見を公表しないという選択がありうるだろうか。こういうことが可能であることを示し、公に議論することが重要だ」と反論していた。

もうひとつ、チャーチが噛みついた背景には、ちょうど2014年8月に、遺伝子ドライブの規制についてこの分野の科学者が連名で論じた論文をサイエンス誌に公表していたこともあるだろう。「野外で使用される前に、十分に評価しておくことが必要」というのがその趣旨だ。リスクマネージメントのために、以下のような提案がなされている。

(1) 遺伝子ドライブを野外に放つ前に、特異的な「リバーサル・ドライブ」(逆ドライブ)をきっちり評価すること。
(2) 長期的な影響を評価すること。
(3) 遺伝子ドライブの機能と安全性を確かめる時には、何段階かの封じ込め手段をとること。

（4）「逆ドライブ」と「免疫ドライブ」を備えること。

ここで、「逆ドライブ」とは、意図しない遺伝子ドライブの結果を緩和するために、もうひとつ別の遺伝子ドライブを使うことを言う。別のドライブで間違ったドライブを切り取ってしまうことができれば、生物の遺伝子は元に戻る。チャーチのグループは酵母でこれを示している。「免疫ドライブ」は、悪意を持って使われたドライブがあれば、そのドライブが標的とするDNAの配列を予防的に変化させる手法だ。ただ、こうした「ドライブを打ち消すドライブ」が、うまく働くかどうかも今は未知数だ。

†軍事転用の懸念

遺伝子ドライブがもたらす影響は、全米の科学者の関心事にもなっている。

2016年6月には、全米科学・工学・医学アカデミーズが「遺伝子ドライブの前触れ」と題した報告をまとめ、「遺伝子ドライブで改変した生物を野外に放つのは時期尚早」と指摘している。

2017年7月には、遺伝子ドライブをめぐるもうひとつの動きが注目を集めた。米国防高等研究計画局（DARPA）が「遺伝子の安全性プログラム」（The Safe Genes program）のもとで、全米7グループに今後4年間で総額6500万ドルを投じると発表した。

その中心テーマが遺伝子ドライブだったのだ。

DARPAの設立は1958年、旧ソ連のスプートニクショックに対応して作られたというから、冷戦時代に端を発する組織ということだ。国防総省の下部組織で、研究資金配分機関としての役割を果たす。その目的は、国の安全保障のためのブレークスルー技術に投資することだという。「脅威となる戦略を防止し、創造する」といったスローガンも目にする。基本的には軍事に焦点をあて、大陸間弾道弾やステルス戦闘機、無人航空機といった軍事技術開発に貢献してきた。インターネットやGPSといった一般社会で汎用性のある技術開発にも寄与してきた、とDARPAは強調している。

そのDARPAがゲノム編集に大きな興味を示しているということは、とりもなおさず、この技術が軍事的にも脅威になりうることを意味しているのだろう。

2016年2月には、米国のインテリジェンス・コミュニティが、「脅威評価レポート」で、「大量破壊・拡散兵器」に関する脅威のひとつとしてゲノム編集を挙げ、次のような認識を示したのも、その表れの一つだと考えられる。

「西側諸国とは異なる規制、異なる倫理的基準を持つ国々によって行われるゲノム編集を使った研究は、潜在的に危険のある生物や産物を作り出すリスクを高めるだろう。このデュアルユース（軍民両用）の技術が、広く、低コストで、急速に利用されることを考えると、その誤用や悪用が、経済的にも、国家安全保障の面でも、非常に大きな影響を及ぼす恐れがある」

つまり、潜在的な生物テロなどに対応する手段を用意しようということだろう。

†DARPAが助成する7つの研究

では、DARPAは具体的にはどのような研究に助成しているのだろうか。

「遺伝子の安全性プログラム」のもとで研究費を獲得したのは以下の7チームである。ブロード研究所(MITとハーバード)、ハーバード大学医学部、マサチューセッツ総合病院、マサチューセッツ工科大学(MIT)、ノースカロライナ州立大学、カリフォルニア大学(UC)バークレー校、UCリバーサイド校。

これら7チームのミッションは、バイオ技術のイノベーションを支援すると同時に、バイオ技術の脅威と闘うために使える汎用ツールを開発することだ。具体的には「遺伝子ドライブ」と「医療への応用」が挙げられている。

DARPAのリリースを元に、この中からいくつか紹介してみたい。

ブロード研究所のアミット・コーダリーのチームは、細菌や哺乳類、昆虫などで、ゲノム編集をスイッチオン・オフする手法を開発する。ここにはマラリアを媒介するハマダラカの遺伝子ドライブも含まれる。ゲノム編集を迅速にブロックできる安価な化学物質も探す。こうした物質は生物テロなどの脅威を減らす。オフターゲット効果を減らすことによってゲノム編集治療の開発も推進する。

MITのケビン・エズベルトのチームは、遺伝子ドライブが際限なく広がるのを防ぎ、安全に、効果的に、可逆的に、特定の地域だけで働くドライブの仕組みを追究する。主な研究はまず線虫で行い、その後、実験室で最大3種の蚊に広げる計画だ。

エズベルトは、クリスパーを使った遺伝子ドライブの提案者でもある。このため、遺伝子ドライブのパイオニアとも言われてきた。最初はこの技術の有用性に夢中になったようだが、後に、その潜在的な危険性に気づき警鐘を鳴らしている。

クリスパーを開発した女性ペアのひとり、ダウドナ率いるUCバークレーのチームもDARPAの助成金を獲得した。クリスパーシステムを改良したり、ゲノム編集をコントロールする「抗クリスパーたんぱく」を見つけたりする。これらを元に、ジカウイルスやエボラウイルスと闘うツールを開発する。さらに、将来はバイオテロや生物兵器に対抗できるツール作りも検討するようだ。

UCリバーサイドの昆虫学者オマル・アクバリのチームは、デング熱、ジカ熱、チクングニア熱などを媒介するネッタイシマカの集団をコントロールする可逆的な遺伝子ドライブを開発し、閉鎖空間でテストする。望ましくない遺伝子ドライブを排除する仕組みや、数学モデルも開発する。

7チームの研究を総合的に概観すると、DARPAの意図が浮かび上がって見える気がする。兵士を感染症から守ることに加え、遺伝子ドライブが軍事に使われる可能性を見据え、対抗手段を用意しておきたい、ということだろう。自分たちもまた、遺伝子ドライブを操る能力を温存しておきたいということでもあるはずだ。

†「軍民両用」の最たるものになるのか

日本でDARPAが注目されるようになったのは、「ハイリスク、ハイリターン」の研究開発姿勢に学びたいと関係省庁が言い出してからだ。成功するかどうかまったく未知数の思い切ったアイデアに資金を投じる、といった戦略を取り入れたいと思ったようだ。

DARPAは、日本における軍事研究のあり方、「デュアルユース」の技術を論じる中でも注目されるようになった。デュアルユースとは、「両用の」といった意味で、通常、民生用にも軍事用にも使える「軍民両用技術」を指すことが多い。

日本は第二次世界大戦に科学者が動員された反省に立って、戦後は「科学者は軍事研究には手を染めない」という姿勢を打ち出してきた。自然科学系と人文系の両方の科学者を代表する「日本学術会議」は、戦争・軍事目的の研究はしないとの声明を1950年と1967年の2度にわたって出している。

ところが2015年になって、防衛省が「軍民両用（デュアルユース）研究」を対象に大学などの研究者に研究費を配分する公募制度を開始した。大学の研究者が通常使う研究助成金は文部科学省を中心に配分されてきた。当然、軍事を目的とするものではない。これに対して、防衛省の研究費は「防衛装備品への応用」が目的だ。

学術会議は議論を重ね、2017年に「軍事的安全保障研究に関する声明」をまとめている。過去の2つの声明を「継承」することとしたほか、防衛省の制度への懸念を表明し、研究機関に審査制度を設けるよう求める内容だ。DARPAのような研究費の在り方には否定的、ということになるだろう。

こうした日本の議論を踏まえ、遺伝子ドライブ研究へのDARPAの大型助成金を見ると、改めてデュアルユースのあり方が気になってくる。遺伝子ドライブの研究には興味があるが、防衛省の研究費で大学などが行うようなことがあればどうか。たとえ入り口が「防衛」でも、その先のどこかに「生物兵器」がある可能性を思えば、防衛省予算を使うことには問題があるだろう。

どこの予算を使うかはともかく、日本では遺伝子組換え生物の扱いは生物多様性を確保するための「カルタヘナ法」に基づいて規制されている。ここでは、「遺伝子ドライブ」は想定されていないため、遺伝子ドライブ生物も普通の遺伝子組換え生物と同様に扱われる。

そこで、全国大学等遺伝子研究支援施設連絡協議会は拡散防止などについて議論して、2017年9月に「遺伝子ドライブの取り扱いに関する声明」を公表している。遺伝子ドライブに関する情報の周知、遺伝子ドライブを用いた遺伝子組換え実験計画の有無の把握、適切な拡散防止措置の確認などが提言されているが、日本としての対応はまだ心許ない気がする。

†哺乳類の遺伝子ドライブ

ここまでは昆虫の話をしてきたが、疑問が湧く人も多いだろう。哺乳類はどうなのか。そして、私たち人間に遺伝子ドライブを作用させることはできないのか、という疑問だ。

繰り返しになるが、遺伝子ドライブが働くのは、有性生殖し、しかも世代交代の早い生物だ。哺乳類に使うのは難しいと思っていたが、どうやらそうとは言い切れないようだ。

2018年7月、カリフォルニア大学サンディエゴ校のキンバリー・クーパーのグループは、マウスでも遺伝子ドライブが働く可能性を、掲載前の論文投稿サイト「bioRxiv」

で公表した。不妊遺伝子を使ったわけではなく、体毛を白くする遺伝子を使ったモデルケースだ。ただし、遺伝子ドライブが働くのはメスの生殖細胞にドライブを作用させた時だけで、オスの生殖細胞では働かなかった。昆虫に比べると、明らかに複雑で難しいこともわかってきた。

そう簡単に野外で効果を生むようにはならないと思えるが、研究が進むと、病原体を運ぶネズミを絶滅させる試みや、生態系を乱す侵入外来生物を絶滅させる試みが出てくる可能性はある。これもまた、賛否両論を巻き起こすに違いない。

たとえば米国で侵入外来種として問題になっているコイを遺伝子ドライブで駆除しようとして、そのコイが日本にまぎれこんだら日本の在来種を絶滅させてしまうかもしれない。

では、人間は？　人間でもゾウでも、生殖のスピードが遅いことを考えると、遺伝子ドライブが働くとは思えない。仮に誰かがヒトの受精卵に埋め込んだ遺伝子ドライブが、それなりに働くとしても、それが集団に広まるまでには何世代もかかるからだ。それに、ドライブを埋め込まれた人が、必ず子どもを産むとも限らない。

人類集団に特定の遺伝子を広め、遺伝的に根本から変えてしまおうという試みは、あえなく失敗に終わるはずだが、そう思っても落ち着かない気がすることに変わりはない。

第6章　古代人の再生は可能か

†「ジュラシック・パーク」メソッド

「ジュラシック・パーク」と聞いて、「ああ、あれはすごくよくできていたね」と思うのは、ある年齢より上の人かもしれない。

マイクル・クライトンの原作が翻訳されたのが1991年。93年にスピルバーグによる映画が日本でも公開された。原作を読んだのが先だったか、映画を見たのが先だったか、定かには思い出せないが、いずれも、そのリアルさに思わず唸ってしまったことを覚えている。

何がすごかったかといえば、恐竜復活のアイデアだ。6500万年も前に絶滅してしまった恐竜を、どうやったら現代に復活させられるのか。ハーバード大学医学部卒業のクライトンが目をつけたのは、琥珀《こはく》に閉じ込められた蚊の化石だった。

琥珀とは松ヤニのような樹脂の化石である。数千万～数億年前の地球に生息していた樹木に由来するので、恐竜と同じ時代の琥珀があっても別におかしくない。そのころに蚊のような吸血の昆虫がいることも、特段、不思議はないだろう。蚊が恐竜の血液を吸った後、樹脂に搦《から》め取られ、そのまま化石になった。これもまた、不思議はない。実際、古代の琥珀に小さな虫が閉じ込められているケースはそれなりによくあることだ。「虫入りの琥珀は高い」と琥珀の国内産地である久慈で聞いて、なるほどと思ったこともある。

問題はここからだ。マイクル・クライトンは、この蚊の体内から恐竜の血液細胞を取り出し、そこに含まれる恐竜のＤＮＡを使うというアイデアを思い付いた。しかし、これほど古いＤＮＡがそのまま完全に残っているわけはない。そこで、不完全な部分を恐竜と近縁と考えられるカエルのＤＮＡで補う、というのが肝となるアイデアである。さらに、カエルの受精卵から遺伝情報の入った核を取り除き、代わりに恐竜のＤＮＡを入れ込んだ。これを育てると、恐竜が生まれる、というシナリオだ。

１９９１年ごろといえば、人間の全遺伝情報を解読するヒトゲノム計画が始まり、生物による遺伝子の違いや、その働きが少しずつわかり始めたころだ。英国エディンバラでクローン羊ドリーが生まれるのは、これより5年後。クローン技術を使って絶滅動物を再生させる試みが始まるのはその後だ。

クライトンの先見の明には本当に感嘆するが、現実に恐竜を復活させられるかと言えば、それはまた別の話になる。

✝絶滅生物を復活させた事例

最大の問題はDNAの劣化だ。DNAは安定な分子ではなく、酵素や放射線、熱といったさまざまな要素で変質し、壊れてしまう。たとえ琥珀に閉じ込められていようとも、何千万年も経たDNAが意味のある形で残っているとは考えられない。足りない部分を近縁の生物で補うには、それ相当のDNAが残っている必要があるが、恐竜では無理だ。

では、DNAがほぼ完全な形で取り出せた場合はどうだろうか。それでもまだ、難しい。なぜなら、生物が生まれて育つには、DNAに書き込まれた遺伝情報だけでなく、それを元に生物を形作る細胞が必要だからだ。つまり、恐竜を丸ごと復活させようと思ったら、その遺伝情報が入った恐竜の細胞が必要ということになる。残念ながら、それは無理というものだろう。

では、もっと最近絶滅した生物や、絶滅に瀕した生物だったらどうだろうか。実は、すでに成功例がある。スペインのグループが2003年に実施した野生のヤギ「ブカルド」の再生だ。

ブカルドは最後のメスが2000年に死んで絶滅したが、その前の年にこのメスから皮膚細胞を採取して凍結保存してあった。通常の家畜のヤギの卵子から核を取り除き、そこに解凍したブカルドの皮膚細胞を核移植した。これは羊のドリーを作り出したクローン動物作りの手法と同じで、こうして作製された受精卵と同等の細胞を近縁のスペイン・アイベックスを代理母として出産させた。

帝王切開で生まれたブカルドは、肺不全で数分後に死亡してしまったが、遺伝子を調べると確かに絶滅したブカルドのクローンだったという。

これより前の2001年には米国マサチューセッツ州のバイオベンチャー、アドヴァンスト・セル・テクノロジー（ACT）社のチームが絶滅寸前の野生の牛「ガウル」のクローン作りに成功している。ガウルの凍結細胞を普通の牛の卵子に核移植し、代理母牛の子宮で育てるという方法はブカルドの再生と共通だ。クローンガウルが生まれたのは、ちょうど私がACT社に取材に行った直後で、「ノア」と名付けられたガウルの出産を新聞の一面に大きく取り上げたことを思い出す。

しかし、こちらも出産直後に死亡してしまった。クローン技術に伴う難しさがあったのかもしれない。絶滅動物再生の是非はともかく、人間の活動の影響で絶滅に追いやられ、今度は人間の手で再生され、そして死んでしまった動物の運命を思うと何だか哀れである。

それはさておき、これで明らかになったのは、「生きている細胞」（凍結細胞でも解凍すれば培養できる状態の良いもの）と「近縁種の卵子と代理母」が用意できれば、絶滅動物は再生できる、ということだった。逆に言えば、「生きている細胞」と「近縁種の生物」が用意できなければ再生は難しい、というのがこれまでの「常識」だった。

では、ゲノム編集の登場はこの常識を変えるのだろうか。

†マンモスの受精卵？

「あと2年ほどでマンモスの遺伝子を持つ受精卵を作ることができるだろう」

2017年2月、複数の欧米メディアが米ハーバード大学のジョージ・チャーチの意欲的な言葉を伝えた。これまで何度か本書に登場しているチャーチの計画は、マンモスの一種であるケナガマンモスに特徴的な遺伝子を突き止め、近縁種であるゾウの受精卵の遺伝子と置き換えるというものだ（図6-1）。

2017年2月の時点で、40以上のマンモスの遺伝子をアジアゾウの培養細胞の染色体に導入してみたらしい。「寒冷地で生活するのに関係する遺伝子です。たとえば、小さな耳や皮下脂肪、長い毛、血液などに関係する遺伝子がわかっています」と、チャーチはニューサイエンティスト誌にコメントしている。さらに導入した遺伝子の効果をよく調べ、

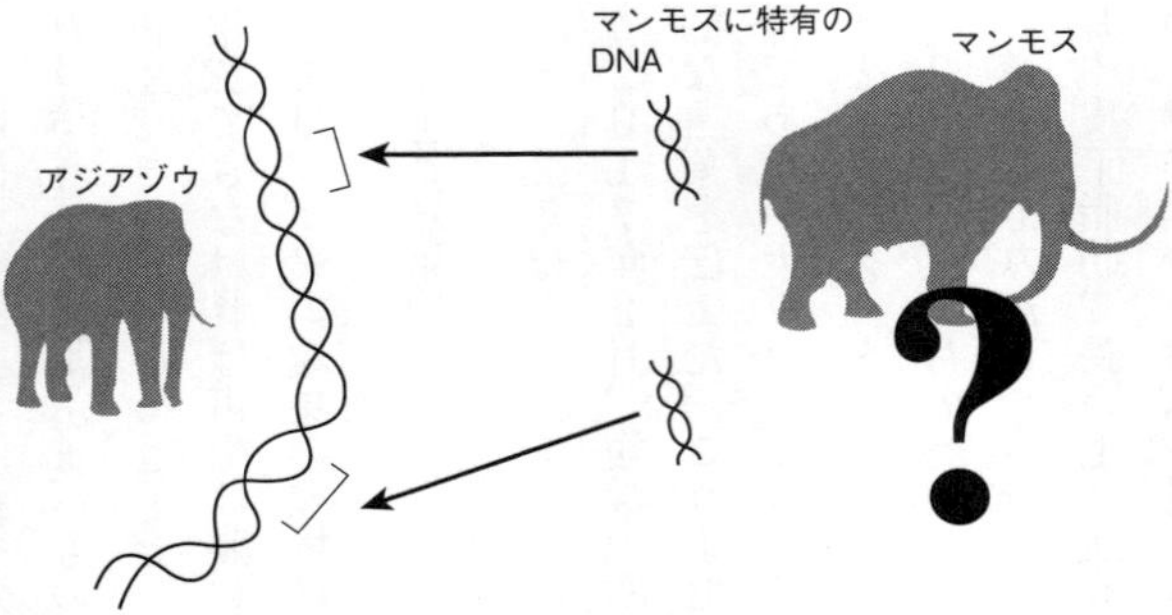

図6－1：マンモスの特徴を備えた「マンモファント」をつくる

マンモスの特徴的な遺伝子を導入したゾウの細胞から受精卵を作り出し、人工子宮で育てる、というもくろみらしい。

ケナガマンモスの最初の全ゲノム解析は2008年に公表されたが、不完全で現代のゾウとどの程度違うのかはわからなかったらしい。

2015年になって、シカゴ大学の進化遺伝学者、ビンセント・リンチのチームが3頭のアジアゾウと2頭のケナガマンモス（1頭が2万年前に死亡、もう1頭は6万年前に死亡）の精度のよいゲノム解析に成功した。2015年7月のセルリポーツ誌に掲載された論文によると、両者の違いは、たんぱく質に翻訳される1642の遺伝子に見られ、ケナガマンモスの遺伝子には、皮膚や体毛、脂肪の蓄積と代謝、温度感受性など、北極圏での生活に適した特徴があった。体内時計に関係する遺伝子にも違いがあったという。これは北極圏で暮らすマンモスが長い冬と短い夏に適応するためであるようだ。

アジアゾウのゲノムで、こうした特徴的な遺伝子をマンモス型に変えていくことで、マンモス型の受精卵を作り出そうというアイデアは、チャーチだけでなく、リンチのチームも考えているようだ。

†クリスパーによる生態系の巻き戻し

彼らがめざしているのは、マンモスそのものの復活というよりも「マンモスの特徴を備えたゾウ」ということになるのだろう。マンモスとエレファントのハイブリッドとして「マンモファント」と呼ばれることもある。こうしたハイブリッドを作る手段となるのが、クリスパーだ。狙ったゾウの遺伝子を、ピンポイントで、一度に複数、マンモス型にしようと思ったら、従来の組み換えの技術では追いつかない。クリスパーなら、それができる可能性が高い。

マンモスの特徴を持つゾウを作り出すことは、もはやただのSFではないのかもしれない。ジュラシック・パークのアイデアと比べてみると、逆の発想のように思える。ジュラシック・パークでは絶滅している恐竜のゲノムを元に、欠けているところを現代に生きる近縁の両生類で補おうとした。マンモスの場合は、現代に生きる近縁のゾウのゲノムを元に、絶滅しているマンモスの遺伝子を組み込んで置き換えていく。

　こう考えてみると、マイクル・クライトンのアイデアは、やはり現実からは隔たったフィクションだとわかる。そもそも恐竜のDNAが残っているはずはないということを別にしても、マンモスにとってのゾウのように、非常に近い生物が生き残っていない限り、「恐竜のような生物」を作ることさえ無理だ。にもかかわらず、小説も映画もリアリティをもって感じられたところに、科学者でもあるクライトンの才能があったということだろう。

　では、チャーチの計画がうまく進んでいったとして、マンモスの要素を備えたゾウ「マンモファント」を作り出すことは許されるのか。絶滅動物そのものを復活させることの是非は、クローン技術が注目を集めた1990年代終わりによく議論されたテーマだ。

　彼らが絶滅したのはなぜかといえば、環境の変化に適応できなかったからだろう。その環境の変化をもたらしたのは何か。もちろん気候もあるだろうが、人間の活動の影響もある。とすると、環境そのもの、生態系そのものを元に戻してやらない限り、マンモスだけを復活させても、彼らが生活できる場所がない。動物園に入れておくというのでは、なんのための復活かという疑問もわく。

†ネアンデルタール人の復活？

絶滅動物の復活について話をしてきたが、そうなると避けて通れないのは「古代人の復活」への興味だろう。そんなことが現実になる可能性が、万に一つもあるのだろうか。

ここでもまた、話題を撒いたのはジョージ・チャーチだった。2013年1月、ドイツの有名週刊誌「シュピーゲル」のインタビューでネアンデルタール人の復活について、倫理問題を別にして技術的に可能かどうかを聞かれて、こんなふうに答えている。

「ネアンデルタール人復活に必要なクローン技術はある。ネアンデルタール人のゲノム解読も終わっている。1万ぐらいの断片に区分けして、それぞれを合成する。これを現代人の幹細胞に入れることによって、最終的にはネアンデルタール人のクローン細胞が作れるだろう」

クローン技術、遺伝子解読技術、幹細胞技術、生殖技術を駆使すれば可能だとも受けとれる発言だが、これらにゲノム編集技術が加わった今、ネアンデルタール人の再生は現実に一歩近づいたのだろうか。

✝シャーレの中で「ミニ臓器」をつくる

ネアンデルタール人の「再生」については、別のチームの試みもある。米カリフォルニア大学サンディエゴ校の遺伝学者アリソン・ムオトリが2018年6月に学会発表した「ネアンデルタール人のミニブレイン（ミニ脳）」実験だ。

シャーレの中で立体的なミニ臓器を育てる実験はすでにいくつも試みがある。iPS細胞やES細胞のような多能性を持つ幹細胞を利用して作るもので、「オルガノイド」と呼ばれる。これまでに心臓オルガノイド、腎臓オルガノイド、肺オルガノイド、腸オルガノイド、子宮内膜オルガノイドといった「試験管内の臓器」が次々と作られてきた。

こうしたオルガノイドは身体の外で特定の臓器の発生や働きを見たり、病気のモデルとして使ったり、薬剤の働きを確かめたりするのに使える。中でも、このところ注目されているのが、「脳オルガノイド」だ。脳の発達を調べるだけではなく、神経変性疾患や精神疾患、自閉症などの研究にも利用できると考えられている。個人的には心理的な抵抗感があるが、人の細胞から作った脳オルガノイドをマウスに移植する試みもある。

ネアンデルタール人のミニ脳も、こうした流れから出てきた脳オルガノイドだが、異なるのは遺伝子が組み換えられていることだ。ムオトリはまず、現代人の皮膚からiPS細胞を作り、脳細胞で働く遺伝子Ｎｏｖａ1を「現代人型」から「ネアンデル型」に変えた。この時に使ったのがゲノム編集のクリスパーだ。この細胞をシャーレで培養し、エンドウマメ大の「ミニブレイン」、すなわち脳オルガノイドに育てたという。

†「ネアンデロイド」は何を語るか

そもそも、3万年ほど前に絶滅したネアンデルタール人と私たち現代人では、どのような遺伝子が異なるのか。

ネアンデルタール人のゲノム解読で知られるのは、独マックス・プランク研究所のスヴァンテ・ペーボのチームだ。2010年には「ネアンデルタールゲノムの概要版」を米サイエンス誌に発表し、世界中の注目を集めた。2013年12月には「完全版」を公表している。

そこから明らかになったのは、なんと「ネアンデルタール人は現代人と交配していた」という発見だった。それまでほとんどの現代人は、自分の遺伝子の中にネアンデルタール人の痕跡があるとは思ってもみなかったのではないだろうか。少なくとも私はそうだ。アフリカ以外の地域に住む人は、平均すると2パーセント程度、ネアンデルタール人から受け継いだＤＮＡを持っているというから、私たち日本人もネアンデルタール人の遺伝子を持っていることになる。

一方、現代人とネアンデルタール人ではゲノムの約3万カ所に違いがあることも明らかになった。こうした違いは、現代人の脳の働きが古代人とどう違うのかを解き明かす鍵にもなるだろう。

ただ、遺伝子を調べているだけではわかりにくいのも確かではある。そこで「ミニブレイン」作りが出てくるというわけだ。ムオトリのチームが作った「Nova1」遺伝子をネアンデルタール型にした脳オルガノイドは、ネアンデルタールとオルガノイドをあわせて「ネアンデロイド」とも呼ばれているようだ。

たった1つの遺伝子を変えただけだが、ここから作られるたんぱく質はRNAにくっついて転写をコントロールする働きがあり、他の遺伝子の働きにも影響を与えるという。ネアンデロイドは、現代人の細胞から作った脳オルガノイドとは形も違うし、神経のネットワークも違っていたという。

†思考実験はどこまでも

今後、ネアンデルタールのミニ脳作りはさらに発展していくかもしれない。もっとたくさんの遺伝子を「ネアンデルタール型」に置き換えていって、最終的にはネアンデルタール人の脳と同じ働きをする「シャーレの中のネアンデルタール脳」が作られないとは限らない。

ムオトリは、ネアンデロイドを小さなロボットに搭載するアイデアも持っている。ネアンデルタール型の脳がロボットの身体を備えて、それを動かす。さすがにこれはまだSFの域を出ないとは思うが、生命科学技術の進み具合の速さをみると、思考実験はしておいた方がいいような気がしてくる。

そして、ネアンデルタール人のクローンであれ、ネアンデル脳を持つロボットであれ、それを作ることが許されるのか。これが縄文人ならどうか。倫理的・法的・社会的課題(Ethical, Legal, Social Implications、略してＥＬＳＩ)の議論は避けて通れない。

最後の章では、あらためてゲノム編集のＥＬＳＩ問題を考えるとともに、積み残したテーマについても概観することにしたい。

終章

そこにある「新世界」は素晴らしいか

†倫理的、法的、社会的な影響

私が「生命倫理」という言葉に出会ったのは、1980年代に脳死・臓器移植の議論が活発になった時だったと記憶している。脳死と判定された人から心臓などの臓器を取り出して、他の人に移植してもいいか。社会を二分する議論の末に、脳死移植は合法化された。その後も、倫理的な課題をはらむ生命操作は次々と登場し、科学メディアにとっても重要なテーマになっていく。

1980年代の終わりに人間の全遺伝情報を解読するヒトゲノム計画が始まったころには、「ELSI」という言葉がよく使われるようになった。「Ethical, Legal, Social Implications」（倫理的、法的、社会的な課題）の頭文字をとったもので、日本では「エルシー」と呼ばれている。

ＥＬＳＩが課題となる生命科学の代表的なものは、「遺伝子操作」にかかわるもの、「生殖や発生」にかかわるもの、そして「脳機能」にかかわるものだと思う。

ゲノム編集のＥＬＳＩは、いずれにもかかわる。ここで、「はじめに」で述べた、分子生物学の歴史と論争にかかわるキーワードを再録してみよう。

遺伝子組み換え、遺伝子治療、体外受精、着床前診断、クローン技術、ＥＳ細胞、ｉＰＳ細胞、遺伝子ターゲティング、ヒトゲノム計画、異種移植、絶滅動物再生、デザイナーベビー、優生学、エンハンスメント（強化）――

多くのテーマは第1～6章で触れてきたが、不足している部分もある。

ここではまず、中国の「ゲノム編集ベビー」の騒動でも問題になった「デザイナーベビー」について再考してみたい。そこには、「エンハンスメント」や、これまであまり触れてこなかった「着床前診断」、さらには「優生学」もかかわってくるからだ。

†「望み通りの子ども」デザイナーベビー

デザイナーベビーという言葉がいつごろ登場したのかはよくわからない。言葉通り、

「望み通りにデザインした赤ん坊を作る」というのがその意味するところで、時には「完全な赤ん坊を生み出す」といった言い方もされる。

1999年に英国の生殖医学の専門家ロジャー・ゴスデンが、その名もずばり『デザイナー・ベビー』という著書を出版しているので、これより前から言われ始めた言葉であることは確かだろう。この本には「生殖技術のブレイブ・ニューワールド」という副題がついている。「ブレイブ・ニューワールド」は、英国の作家オルダス・ハクスリーが1932年に出版した有名な小説で、『すばらしい新世界』というタイトルで邦訳されているので、ご存じの方も多いだろう。人間が「培養器」の中で作られ、階級に従って外見や役割、知能も決められる。そんな近未来を描いたディストピア小説で、受精卵の選別が論じられるときに、よく引き合いに出される。

米大統領生命倫理委員会の議論をもとにまとめられた2003年の報告書「治療を超えて――バイオテクノロジーと幸福の追求」も、「デザイナーベビー」に注目し、「より望ましい子ども」に一章を割いている。

これらの本や報告書が出版された時には今のようなゲノム編集技術は登場していなかったわけだが、生命科学の手法を使って「望み通りの子ども」をもうけることへの倫理的懸念が、かなり前から議論されてきたことは確かだ。しかも、ゲノム編集が登場する以前から、「デザイナーベビー」に準ずる子どもは生まれてきている、とも考えられる。

それを可能にしたのが、着床前診断だ。

†何のための着床前診断か

着床前診断は、その名の通り、受精卵が子宮に着床する前に診断する方法だが、女性の体内から受精卵を取り出すわけではない。体外受精で作った受精卵が8細胞ぐらいに育ったところで、そのうち1細胞を取り出して遺伝子や染色体の状態を診断する。異常がないとわかったら、残りの細胞を女性の子宮に送り込んで着床させ、妊娠・出産につなげる、というものだ。

この方法は1990年代に英国で初めて行われた。最初は、主に男の子が発病する遺伝性疾患を避けるために女の子の染色体を持つ受精卵を選別する、という方法がとられた。その後、一部の遺伝性疾患の遺伝子を診断することも可能になった。

日本では1998年に日本産科婦人科学会が「重篤《じゅうとく》な遺伝性疾患」に限って着床前診断を認めている。当時を振り返ると、障害者団体を中心に「生命の選別」という批判が巻き起こり、激しい議論が闘わされたことを思い出す。

実際に日本で着床前診断が用いられるようになったのは2004年からだ。2006年には、「染色体転座による反復・習慣流産」も対象に加えられた。着床前診断を用いた重篤な遺伝性疾患の出生予防は、「よりよい子ども」を求めるデザイナーベビー願望そのものではないだろう。重い病気の子どもを持つ親の心情を思えば、とてもそうは言えない。意図的な遺伝子改変がなされたケースに限って「デザイナーベビー」と呼ぶ考えもあり、それには当てはまらない。

ただ、見方を変えれば、「より健康な子ども」を望む方向へ一歩踏み出す技術でもある。現時点では「重篤な遺伝性疾患」という縛りがかかっているとしても、その範囲が広がっていけば、「もっと能力の高い」「もっと容姿の優れた」受精卵の選別につながっていかないとは限らない。

このように、「治療を超えて、優れた能力や性質を高めようとする試み」が、「エンハンスメント」（強化）である。

†弟か妹をデザインする

エンハンスメントをめざすデザイナーベビーは（真偽不明の中国のケースを除けば）、まだ生まれたことがないはずだが、別の方向に進んだ受精卵選別の試みがある。

英国のウィトカー夫妻の4歳の息子チャーリーは重い血液疾患で骨髄移植を必要として

いた。ところがＨＬＡ型が合う提供者が周囲にいなかった。骨髄移植では拒絶反応を防ぐために、ＨＬＡ型と呼ばれる白血球の型を合わせる必要がある。

そこで夫妻が選択したのが、「ＨＬＡ型が一致する弟か妹を作る」という方法だった。親子の間でＨＬＡ型が一致する確率は非常に低いが、兄弟姉妹の間では4分の1の確率で一致するからだ。夫妻は体外受精で受精卵を複数作り、この中から着床前診断でチャーリーとＨＬＡ型が一致する受精卵を選び、その受精卵を使って妊娠・出産した。

当時、英国ではこうした受精卵選別が認められていなかったため、夫妻は米国のクリニックで着床前診断を受けた。２００3年に生まれたチャーリーの弟ジェミーは実際に病気の兄とＨＬＡ型が一致していて、臍帯血《さいたいけつ》に含まれる血液幹細胞が兄に移植され、チャーリーは元気になった、というストーリーだ。

あらかじめ兄のために選択された受精卵を使って子どもをもうける。この方法は考えようによっては「デザイナーベビー」であり、議論を呼んだ。一方、そうした呼び方にウィトカー夫妻は反発し、「saviour sibling」（救済弟妹）と呼んでほしいと英メディアに語っている。

こうして生まれた子どもと兄姉の関係が良好であればいいが、場合によっては、生まれてきた子どもが自分の存在意義に悩むことも否定はできないだろう。

†治療を超えた「強化」はどこまで許されるか

ここでエンハンスメントに話を戻し、まずは過去の議論を振り返ってみたい。

前に述べた米大統領生命倫理委員会では、「成長ホルモン、美容整形、バイアグラ、リタリン、ドーピングで筋肉を増強、寿命延長」といったテーマが議論の俎上《そじょう》に上った。

背が低い人は、どれぐらい低ければ「低身長症」の治療として成長ホルモンを使っていいのか。注意欠陥・多動性障害（ＡＤＨＤ）の治療薬であるリタリンを、普通の人が受験の時に集中力を高めるために使うことは許されるか。ドーピングで筋肉を増強することはいけないと誰もが考えるだろうが、もともと筋肉を増やす遺伝子に個人差があるのだから、遺伝子操作でその不公平をなくすのだと言われたら？　他の運動能力に関わる遺伝子でも同じことが言われかねない。美容整形も、もちろん考えようによってはエンハンスメントだろうが、これを正面から「いけない」ということはもはや難しい。

知能や記憶力にかかわる遺伝子がもっとはっきりしてくれれば、これを操作したいと考える人が出てくることは避けられないだろう。

こうした議論は、これまでは「技術的にはまだできない」を前提としたものが多かった。だが、遺伝子の機能の解明が進み、ゲノム編集が登場したことで、今度こそ現実のものになる可能性が桁違いに高まっているように思う。「はじめに」で述べた、「できない時に、やってはいけないというのは簡単だった」が、ここにも当てはまる。

現時点で世界的な議論の動向は、「病気の治療についてはゲノム編集の応用が認められる場合がある」が、「エンハンスメントは認められない」というものだ。たとえば、筋肉の増強などで運動能力向上が図れるとしてもそれには待ったがかかることになる。知的能力が遺伝子の編集で高められるようになったとしても、これも認められない。

では、目の色や髪の色、肌の色などをゲノム編集で変えられるとしたらどうだろうか。体細胞のゲノム編集と、受精卵のゲノム編集では違いがあるだろうか。現時点ではいずれも「ノー」だと思うが、微妙な話に思えてくる。美容整形がいいのに、なぜゲノム編集だとだめなのか。改めて議論しなくてはならない時がやってくる可能性はある。

その先には、知能や運動能力を操作することの是非、という、かなりの難題がやってくるかもしれない。

そう考えていた時に、ユーチューブで見たカリフォルニア大学デーヴィス校の幹細胞研究者ポール・ノフラーの喩え話は刺激的だった。2015年10月の「TEDトーク」での講演で、「もし、私があなたのためにデザイナーベビーを作ることができたら?」という問いかけで始まる。

15年後の未来に、あなたには娘がいる。彼女は「ナチュラル」と呼ばれている。自分たちの選択によってなんの遺伝子操作も受けていないからだ。

隣に住む娘の親友は、クリスパーを受精卵に使いさまざまな「アップグレード」を施して生まれたデザイナーベビーだ。とても頭が良くて、美しく、背が高く、運動能力が高く、病気にもかかりにくい。そのため、学校も自分の娘とは違う所に通っている。

ノフラーは遺伝子組み換え作物が「GMO」（Genetically Modified Organisms）と呼ばれるのにあわせて、親の望みにあわせて遺伝子改変された子どもたちを「GMキッズ」と呼ぶ。もしこうした「GMキッズ」（組み換えキッズ）が、その世代には何人も生まれている、としたら？　そしてあなたの子どもが「ナチュラル」だとしたら？　もちろん、これは完全な空想の話だし、現実にはそう簡単には起こりえないが、気持ちがざわざわし、なんとも落ち着かない気分にさせられる。

†だれでもできる「DIYバイオ」

「私は非常に大きな衝撃を受けました」。政府の生命倫理専門調査会で、難病患者の団体の伊藤たておがこう発言したことがある。NHKが放映した「DIYバイオ」の特集に対する感想だった。

「ＤＩＹ」は「Do-It-Yourself」。米国では、日曜大工の感覚で、自宅のガレージで生物実験を行う「ガレージ・バイオ」や「ＤＩＹバイオ」と呼ばれる動きが以前からあった。

クリスパーを使ったゲノム編集も、この流れに乗って広がりを見せているようだ。カリフォルニア州に住むジョサイア・ザイナーのように、動物実験で筋肉を増強する働きが示された遺伝子をクリスパーを使って自分の腕に注射して見せる人まで現れた。

これはいくらなんでもやりすぎだとは思うが、大腸菌の遺伝子をゲノム編集する一般向けのクリスパー実験キットは米国では売られているようだ。ユーチューブには、こうしたキットで実験する様子がいくつもアップされている。

こうした一般的なキットとは異なるが、専門の研究者向けにクリスパーのキットを販売する会社は複数あり、これを利用している研究者は多い（もちろん、自分で作る人もいる）。専門家向けのキットは一般の人が使うものではないが、それとは別に、今後もＤＩＹクリスパーの試みは広がるのかもしれない。そこから新たな発見が生まれる可能性がないとは限らないが、一方でリスクも大きそうだ。

もちろん、ヒトの受精胚を扱えるのは産科婦人科の医療現場だけなので、これがＤＩＹの対象になるとは思えないが、通常の規制の枠の外で生物の遺伝子改変が進んでいく可能性には注目しておかなくてはならないだろう。

†優生学からの問い

伊藤は先述の発言の時に「優生思想」についても触れた。また、国立成育医療研究センター研究所の松原洋一も、日本政府の過去の優生政策や優生保護法などの歴史、当時のマスメディアの取り上げ方などを紹介した上で、遺伝性疾患の「予防」について解説した。その上で、これまで行われてきた胎児の出生前診断に基づく人工妊娠中絶や、着床前診断が病気を持つ「胎児や受精卵の排除」であるのに対し、ゲノム編集によるヒト受精胚の遺伝子変異の修正はそれを回避できる可能性がある「科学的に優れた方法ということもできる」との見方を示した。これは、ゲノム編集をヒト受精胚に用いることを否定しない考え方の代表的なものだろう。今後も繰り返し投げかけられる見方だと思う。

これに対し、伊藤は、「先天性難病は根絶しなければならないものなのだろうか」と問いかけた。「病気を持っている人、障害を持っている人が生まれないようにする、悪い病気を引き継がれないようにする、といったことの中に、優生思想的な考え方が含まれてはいないだろうか」という問いかけだ。

優生思想や優生学的な視点は、ゲノム編集の議論では避けて通れない課題だと感じる。歴史を振り返ると、「優生学」(eugenics) は、チャールズ・ダーウィンのいとこであるフランシス・ゴルトンが1883年に提唱した考え方だ。ギリシャ語の「良い生まれ」に由来する造語で、ゴルトンは「民族の質を向上させる要因の研究」と位置づけた。大雑把に言えば「遺伝的に優れた人が子孫を多く残すことで民族全体の素質を高める」といった考え方だ。これを「積極的優生学」とすれば、その裏返しは望ましくない遺伝的素質の人を減らす「消極的優生学」になる。米国やドイツ、スウェーデンなどの断種法、戦時中のナチスのユダヤ人大虐殺の背景にも、誤った消極的優生学があったと考えられる。

日本でも、「優生保護法」という差別的な法律が長年維持され続け、法のもとで強制的な不妊手術や人工妊娠中絶が行われていた。優生保護法は1996年に母体保護法に改定されたが、優生保護法のもとで行われた不妊手術などの実態を検証し、反省する作業は行われてこなかった。優生保護法が優生手術の対象とした疾患には、「遺伝性精神病」「遺伝性精神薄弱」「顕著な遺伝性身体疾患」といった項目が並び、その差別的な内容に慄然とするほどだ。

では、受精卵の段階で遺伝性疾患を予防したり、場合によっては望ましい遺伝子を加えたりすることは優生保護法が内包していた優生思想と無縁といえるのだろうか。

生まれてくる子どもの遺伝性疾患を予防することは、自分たちに遺伝性疾患があったり、すでに遺伝性疾患の子どもがいたりする人たちにとっては、切実な問題だろう。その願いを無視することはできない。

一方で、これを受精卵のレベルで行おうとすることは、社会全体としてみれば「疾患や障害のある人をなくそう」という「消極的優生思想」とも考えられる。遺伝子を編集して望ましい子どもを作ろうとすることは、「積極的優生思想」と言ってもいいだろう。

ここで思い出してほしいのは、第4章で紹介した生命倫理専門調査会の「中間まとめ」に盛り込まれた課題だ（私なりに意訳している）。

遺伝子の総体が過去の人類からの貴重な遺産であることを考えると、疾患の原因となる遺伝子を次世代に伝えないという選択よりも、疾患によるハンディキャップを受け入れられる社会を構築すべきであるとの考えもあり、広く社会の慎重な議論が必要である。

これは、受精胚にゲノム編集を用いることが場合によっては「消極的優生思想」につながりかねないことへの警鐘でもあると感じる。

✝ミトコンドリア置換や配偶子編集

ここまで、主にヒトの受精卵の細胞核のゲノム編集について考えてきたが、これとは別に国内外で議論の対象になっているヒト生殖細胞や受精卵の操作がある。ひとつは卵子や胚の核置換で、ミトコンドリア置換とも言われる。この技術がめざすのは、ミトコンドリア病の予防だ。

ミトコンドリアは細胞質に存在する小さな器官で、1つの細胞に数百から数千個存在する。この小さな器官には、細胞核の遺伝子とは別に37個の遺伝子が存在する。身体の形などを決めるわけではないが、生体の活動に必要なエネルギーを供給する働きを持ち、「細胞のエネルギー生産工場」として非常に重要な役割を担っている。

ミトコンドリア遺伝子に異常があると、神経や骨格筋、心臓、目や腎臓など、あらゆる器官のさまざまな症状につながる。これらを総称してミトコンドリア病と呼んでいる。

ミトコンドリアには「母系遺伝」という不思議な特徴がある。母親の卵子から子どもに受け継がれ、父親からは遺伝しないのだ。だから、ミトコンドリアの異常も母から子に伝わる。

そこで、ミトコンドリア病の子どもが生まれるのを防ぐために考え出されたのが核置換(ミトコンドリア置換)だ。手法は大きく分けて二つある。

ミトコンドリアに異常がある女性を核置換の「依頼者」とすると、まず、健康な女性から卵子の提供を受け、除核した後に、依頼女性の卵子の核を移植する。すると、ミトコンドリアは正常、核は依頼女性のもの、という卵子ができる。これを依頼者のパートナーの精子と体外受精すれば、細胞核は依頼カップルのもの、ミトコンドリアは卵子提供者の正

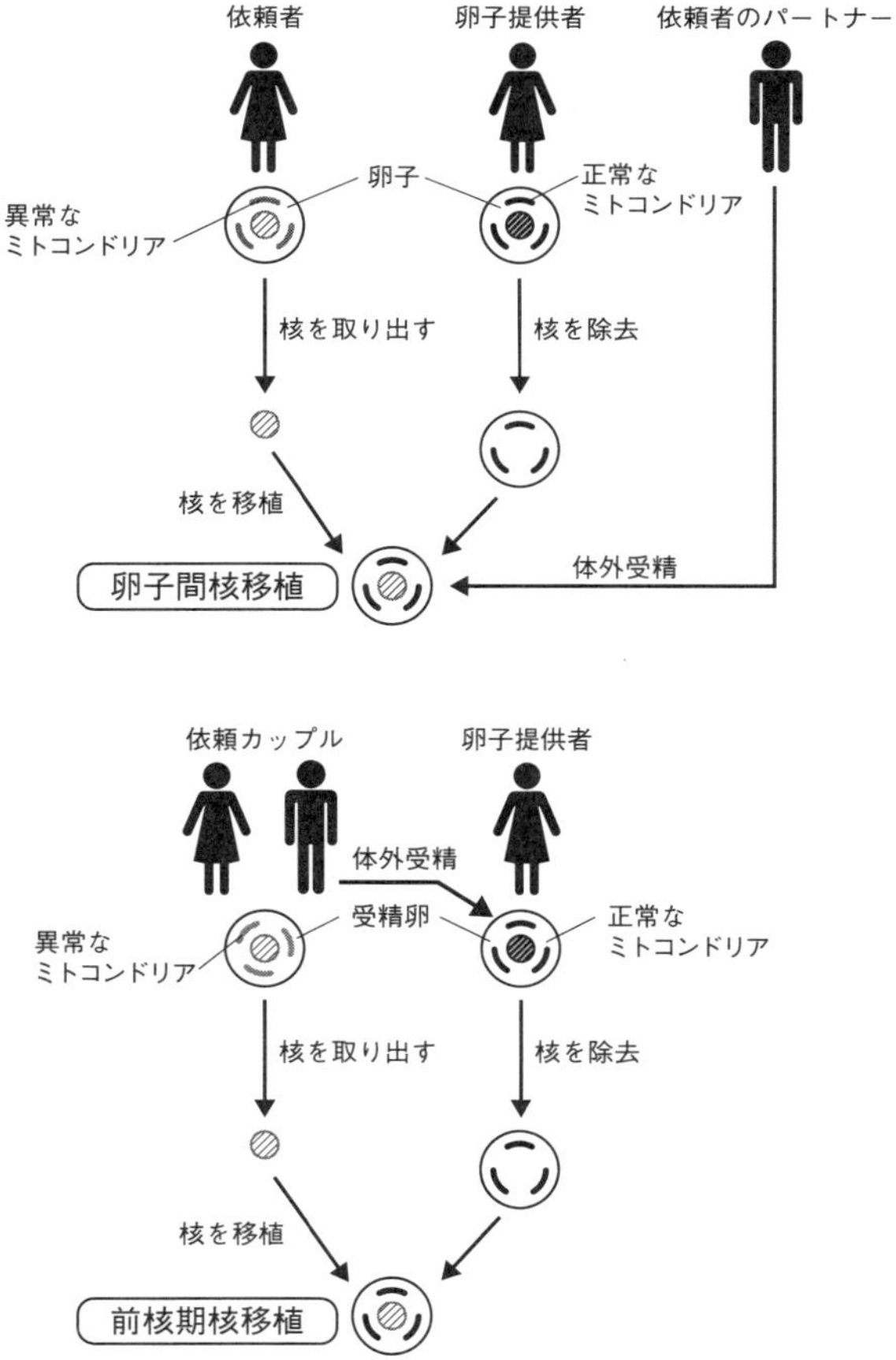

図7－1：「3人分の遺伝子をもつ」とはどういうことか。ミトコンドリア置換のイメージ図

常なもの、という受精卵ができる。これを「卵子間核移植」と呼ぶ。

もうひとつは、健康な受精卵の核を除き、依頼カップルが体外受精した受精卵の細胞核を移植する方法で、「前核期核移植」と呼ばれる。英国では第三者から提供を受けた卵子と依頼カップルの男性の精子を体外受精して受精卵を作り、依頼カップルの受精卵の核を移植する方法がとられる。こうしてできる受精卵は、いずれの場合も、カップルの細胞核と、提供女性のミトコンドリア遺伝子という、3人分の遺伝子を持つことになる（図7-1）。前述したノフラーはこうした子どもたちも「GMOサピエンス」と呼んでいる。

こうした「3人分の遺伝子を持つ子ども」は、すでに誕生している。2016年には、妻がミトコンドリア病の素因を持つヨルダン人夫婦がメキシコの病院で核置換を受けたケースで、実施したのは米国の医師。2017年にはウクライナの不妊治療クリニックで実施されたとの報告もある。

「3人分の遺伝子」については、ミトコンドリアゲノムの割合が全ゲノムの0・05パーセント程度と考えられ、1人の人を形作る遺伝情報のほとんどが核に入っていることから問題ないとする見方がある一方で、核の遺伝子とミトコンドリアの遺伝子のミスマッチを懸念する声もある。また、この技術に道を開くことが、さらなる遺伝子操作やクローン人間作りにも道を開くのではないか、という懸念もある。

日本ではヒト受精胚の核置換はクローン技術規制法に基づく指針で禁じられているが、今後、議論の対象となる可能性は否定できない。

これとは別に、ヒト受精胚で遺伝子を編集する代わりに、卵子や精子、またはその前駆細胞にゲノム編集を加えることも技術的には考えられる。こうした配偶子編集の技術をどう扱い、どう規制していくかも今後の課題となる。

†ゲノム編集農産物、魚、家畜

もうひとつ、ここまで意図的に積み残したテーマがある。ゲノム編集による遺伝子改変農産物・水産物の開発だ。この分野は人間を対象とするゲノム編集をはるかにしのぐ勢いで研究開発が進んでいると考えていいだろう。ただ、人間を対象とするゲノム編集とは、やや意味合いが異なる部分があるため、本書ではここで要点をまとめるにとどめることにした。

実際にどのようなものが開発されているかといえば、海外では変色しないマッシュルーム、角のない乳牛、筋肉量の多い牛、耐病性小麦、高オレイン酸大豆などさまざまだ。

日本でよく知られているのは、京都大学や近畿大学などが開発した「マッスル（筋肉）マダイ」かもしれない。普通のマダイに比べ筋肉量が多くまるまると太っている。これ以外にも、通常より収量の多いイネ、γアミノ酪酸（GABA）を多く含むトマト、芽に毒が無いジャガイモ、水槽での衝突死を起こしにくいクロマグロ、受粉しなくても大きくなるナスなど、ゲノム編集農産物・水産物の開発リストは増え続けるばかりだ。

では、ゲノム編集技術の登場は、従来の遺伝子組み換え作物とは何か違う点があるのだろうか。私も最初は、「効率よく、正確にできるだけでしょ」と思っていた。これまでも、「除草剤耐性」と「害虫抵抗性」を中心に、遺伝子組み換えの大豆やトウモロコシ、ジャガイモなどが次々開発されてきた。こうした遺伝子組み換え食品は日本にも輸入され、2018年5月現在でトウモロコシ、ワタ、大豆、菜種、ジャガイモなど318品種の流通が認可されている。

これら従来の遺伝子組み換えでは狙い通りの場所に遺伝子を導入することは難しく、ランダムに入ってしまう。効率も良いとはいえない。それに対し、ゲノム編集ならピンポイントで正確に遺伝子を改変でき、効率もよい、と考えていた。

しかし、ある時、「ゲノム編集による改変植物の一部は、従来の遺伝子組み換え作物（GMO）ではない」と考えられていることを知って、認識が誤っていたことに気づいた。

†ゲノム編集農産物への規制をどうするか

いったい、なにが違うのか。たとえば、クリスパーを使った「マッスルマダイ」を考えてみる。この太った魚は、マダイのミオスタチン遺伝子をノックアウトした結果、誕生した。

ミオスタチンの遺伝子変異は自然界にも存在し、この変異を持つ牛は筋肉の部分が多い肉牛として商品化されてきた歴史がある。つまり、マッスルマダイは、従来の組み換えのように外来の遺伝子を加えたわけではなく、自然界にある遺伝子変異と同様の変異を加えただけ、となる。ここから「微生物など外来の遺伝子を加える従来の遺伝子組み換えとは違い、昔ながらの品種改良と変わりない」という見方が出てくるのだ。

米国では、早い段階から「自然界でも起こりうる遺伝子変異を利用したゲノム編集作物は、従来型の遺伝子組み換え作物とは違い、規制は不要」と、開発者が主張してきた。

米農務省（ＵＳＤＡ）も、２０１８年３月に、「植物に対する害虫であったり、害虫を使って開発したもの以外で、交配や選別といった伝統的な育種によっても開発できる遺伝子編集植物については規制しない」という見解を公表している。もちろん、ＵＳＤＡはもっぱら農家サイドから規制を考えているので、消費者サイドからは米食品医薬品局（ＦＤＡ）の認可が必要だが、ＦＤＡも方向性はＵＳＤＡと同じで、柔軟性のある規制にしようとしているようだ。

一方、欧州連合（EU）の立場は異なる。2018年7月に、EUの最高裁にあたる欧州司法裁判所が「ゲノム編集作物も原則として従来のGMOの規制の対象とすべきだ」との判断を示しているからだ。考えてみれば、従来のGMOについても、米国に比べると欧州では環境や健康への懸念から抵抗感が強かった。ゲノム編集作物への懸念も、同様に強いのだろう。

では、日本の規制はどうなるのか。生物多様性の観点から議論していた環境省の専門委員会は2018年8月、狙った遺伝子を壊してその機能が失われただけの生物は「規制対象外」という方針をまとめた。一方、外来の遺伝子を入れている場合は、従来通り「規制対象」とする。これは、米国の方針と同じ方向性だ。食品の安全の観点から検討する厚生労働省も、これと同じ方向性だと見られる。

だが、このままではゲノム編集作物か否か消費者には「見分けがつかない」ということにもなるだろう。本当に自然界で起きる変異と変わるところがないのか、たとえ自然界で起きる変異と変わらなくても人為的に作って広めることが生態系に与える影響は心配ないのか、さらなる検証が必要だと思う。少なくとも当面は登録制が必要だし、ラベルをつけることも検討の余地があるのではないだろうか。

自然界に存在する変異を再現するだけなら、「遺伝子組み換え」ではない。そうした考え方が、動植物にとどまらず、人間にも適用されるようになったらどうなのかも気にかかる。

†動物をヒト用移植臓器の工場に？

ゲノム編集を使って動物に移植用の臓器を作らせようという試みもある。たとえば、ブタの臓器は以前から人間の臓器の供給源になるのではないかと考えられてきたが、主に2つの問題を解決する必要があった。異種移植による拒絶反応を防ぐことと、ブタ特有のウイルスの感染を防ぐことだ。この2つの問題をゲノム編集が解決できる可能性があり、「移植用ゲノム編集ブタ」の開発を目指すベンチャー企業も海外では登場している。

だが、この分野にも未解決のELSIがあるだろう。

「動物を臓器工場に」という発想は、これまでもあった。第4章で紹介したクローン技術規制法には「ヒトクローン胚」「ヒト胚核移植胚」「ヒト動物交雑胚」といった9種類の「特定胚」が盛り込まれている。そのうちの1つである「動物性集合胚」は、まさに、「動物の体内でヒトの臓器を作る」ことを念頭においた胚だ。動物の受精胚に、ヒトの細胞を入れて育てることによって、ヒトの臓器を持つ動物を誕生させようという発想だ。

クローン技術規制法に基づいて2001年12月に施行された特定胚指針は、9つの特定胚の子宮への移植を禁じ、8つの胚については作成・研究も禁止した。背景にあるのは動物だかヒトだかわからないような生物を生み出さない、という考えだ。その中で例外的に「動物性集合胚」の作成・研究を認めていた。ただ、当時は、これを動物の子宮に移植してヒトの臓器を持つ動物を誕生させることは禁じていた。

その方針が変わったのは2018年10月で、解禁されることが決まった。その結果、どのような動物が作られるのか。たとえば、膵臓ができないように遺伝子操作したブタの胚に、ヒトのiPS細胞（人工多能性幹細胞）を入れ、膵臓だけがヒトの細胞でできたキメラの子ブタを誕生させるといったことが考えられている。ここにゲノム編集を利用し、より患者に適した臓器を作る、といった発想も出てくるだろう。

「移植医療に役立つ」というのが大義名分だが、ヒトの臓器を持つ動物を作り出すことに抵抗を感じる市民が多いのも事実だ。動物愛護の観点からの反発もある。本当にヒトの要素を持つ動物ができてしまうことはあり得ないのか、懸念する声もまだある。ヒトと動物の境目をどのように判断するのか、さらには、ヒトと動物のキメラを作ることなく、移植が必要な人を救う方法が開発できないかも含め、課題は残されている。

おわりに

ある日、近所の小さなレストランに行ったら小学生の姉弟が古ぼけた電話機で遊んでいました。ダイヤルをまわすとジーコジーコいうあの黒電話。姉弟は長い間遊んでから、名残惜しそうに帰って行きました。

これを見て、「そうか！」と気づきました。彼らの家にはジーコジーコどころかピッポッパもないのでしょう。スマホで育った彼らにとって、黒電話は見たことのない不思議な機械だったというわけです。

今の研究者にとって、「従来の遺伝子組み換え」は黒電話、ゲノム編集の「クリスパー」はスマホなのかもしれません。いったん手にしたら、その便利さから逃れることはできない。新しい使い方が次々開発され、世界がどんどん広がる。

ただ、黒電話と違って、クリスパーによって「従来の遺伝子組み換え」が駆逐されるわけではありません。遺伝子を切り貼りしたり、増幅させたりする、基本の作業は健在です。一方で、標的遺伝子の組み換えは次々とクリスパーに取って代わられるのでしょう。

そこで顕在化するのが、スマホと同じように、かつては考えられなかったリスクです。世界をあっと言わせた中国の研究者による「ゲノム編集ベビー誕生」の報告はその最たるものだと思います。

人類の遺伝子を操る「パンドラの箱」のフタは開きかけているのか。いや、すでに開いてしまったのか。一度開いたらもう閉めることはできないのか。

そしてもうひとつ、気にかかるのは、目的の遺伝子変異を自然界で急速に広めることができる「遺伝子ドライブ」です。あまりに巧妙な仕掛けに脱帽する一方で、その潜在力がはらむ危険性を思うと、これもまた「パンドラの箱」かもしれないという気がします。

私がゲノム編集に興味を持ったのは本書の中でも述べたように、クリスパー開発者の一人であるエマニュエル・シャルパンティエさんの科学者人生に興味を持ったからでした。こつこつと自然が持つ謎の解明を進め、それがある時に花開く。なんだか科学者の理想のように思えてうらやましい気がしたのです。

細菌が持つクリスパー・キャス9の仕組み解明に本書が多くのページを割いているのはそのためです。その過程を調べていくと、今脚光を浴びている人たちだけでなく、実に多くの研究者たちが、一歩一歩謎解きを進めてきたことがわかります。そういうところにこそ科学の醍醐味があるのだと改めて思います。

従来の遺伝子組み換えに使われる制限酵素も、ゲノム編集に利用されるクリスパーも、どちらも細菌が侵入者であるウイルスから身を守る仕組みである、という点にも改めておもしろさを感じます。

制限酵素は認識する塩基配列が短く、融通もきかないため、人工クリスパーのように自在な遺伝子編集に使うことはできなかったわけですが、結局のところ、私たちは自然から学び続けているのです。


本書を執筆するにあたり次の方々に専門の立場から助言をいただきました。この場を借りてお礼申し上げます（順不同）。

分子生物学が専門の松原謙一さん、発生工学が専門の勝木元也さん、大阪大学の金田安史さん、広島大学の田中伸和さん、山本卓さん、国立成育医療研究センターの阿久津英憲さん、菅原亨さん、東京大学の濡木理さん、京都大学の堀田秋津さん、北海道大学の石井哲也さん、がん研究所の野田哲生さん、日本難病・疾病団体協議会の伊藤たておさん、インペリアルカレッジ・ロンドンのトニー・ノーランさん、カリフォルニア大学サンディエゴ校のイーサン・ビアさん。東京大学の石田貴文さんには全体に目を通していただきました。

もちろん、残されているかもしれない間違いは、すべて筆者の責任です。「このアルファベットはイタリックで書く」といった専門用語のお作法を無視したのも筆者の責任です。

最後に、一通り書き終えた後にやってきた「ゲノム編集ベビー誕生」騒動に冷静におつきあいいただいたちくま新書編集部の伊藤笑子さん、大胆なイラストを描いてくれた藤本良平さんにもお礼を申し上げます。

青野由利

2019年1月　平成が幕をとじる年の初めに

主な引用・参考文献

全体を通して参考にした日本語の文献

石井哲也『ヒトの遺伝子改変はどこまで許されるのか』（2017年）イースト新書Q

石井哲也『ゲノム編集を問う』（2017年）岩波新書

小林雅一『ゲノム編集とは何か』（2016年）講談社現代新書

小林雅一『ゲノム編集からはじまる新世界』（2018年）朝日新聞出版

ジェニファー・ダウドナ、サミュエル・スターンバーグ『クリスパー』（2017年）櫻井祐子訳、文藝春秋

ポール・ノフラー『デザイナー・ベビー』（2017年）中山潤一訳、丸善出版

山本卓『ゲノム編集の基本原理と応用』（2018年）裳華房

各章の主な参考文献については興味のある読者が見られるよう主としてウェブサイトを示す

▼序章

・1974年のバーグらのモラトリアム

http://science.sciencemag.org/content/185/4148/303

Berg, P.et.al.（1974）*Science* 185, 303.

・コーエン＆ボイヤーについて

http://www.laskerfoundation.org/awards/show/cloning-genes-by-recombinant-dna-technology/

・2008年のバーグのエッセイ

https://www.nature.com/articles/455290a

Nature 455, 290-291（18 September 2008）

▼第１章

・シャルパンティエのストーリー

http://www.nature.com/news/the-quiet-revolutionary-how-the-co-discovery-of-crispr-explosively-changed-emmanuelle-charpentier-s-life-1.19814

https://www.pauljanssenaward.com/blogs/emmanuelle-charpentier-phd-and-jennifer-doudna-phd

http://symposium.cshlp.org/content/80/305.full

https://www.nytimes.com/2016/05/31/health/emmanuelle-charpen-

tiers-crispr-dna-gene-editing.html
・トレイサーＲＮＡの発見
https://www.nature.com/articles/nature09886
・ダウドナのストーリー
https://alumni.berkeley.edu/california-magazine/winter-2014-gender-assumptions/cracking-code-jennifer-doudna-and-her-amazing
https://www.nytimes.com/2015/11/15/magazine/the-crispr-quandary.html
・石野良純「CRISPR/Cas～その発見からゲノム編集技術への応用まで～」（2016年）生物工学会誌 第94巻第６号
・ＣＲＩＳＰＲ解明・開発のタイムライン
https://www.broadinstitute.org/what-broad/areas-focus/project-spotlight/crispr-timeline
https://www.cell.com/fulltext/S0092-8674%2815%2901705-5
・シャルパンティエとダウドナのクリスパー論文
https://www.ncbi.nlm.nih.gov/pubmed/22745249

▼第２章
・ファン・ジャンのクリスパー論文
https://www.ncbi.nlm.nih.gov/pubmed/23287718
・イェーニッシュのマウス受精卵改変の論文
https://www.ncbi.nlm.nih.gov/pubmed/23643243
・標的遺伝子組み換えのノーベル賞
https://www.nobelprize.org/prizes/medicine/2007/summary/

▼第３章
・サンガモのＨＩＶゲノム編集治療
https://www.nejm.org/doi/10.1056/NEJMoa1300662
・レイラちゃんのゲノム編集治療
https://www.ncbi.nlm.nih.gov/pubmed/28123068
・四川大学のＰＤ−１ノックアウト
https://www.nature.com/news/crispr-gene-editing-tested-in-a-person-for-the-first-time-1.20988
・サンガモのハンター病ゲノム編集治療
http://www.sciencemag.org/news/2017/11/human-has-been-injected-gene-editing-tools-cure-his-disabling-disease-here-s-what-you
・犬の筋ジストロフィーゲノム編集治療

https://www.ncbi.nlm.nih.gov/pmc/articles/PMC6205228/
・１塩基エディター
https://www.nature.com/articles/nature24644
・クリスパーによる大きな欠失
https://www.nature.com/articles/nbt.4192

▼第４章
・香港の第２回「ヒトゲノム編集国際サミット」
http://www.nationalacademies.org/gene-editing/2nd_summit/index.htm
・全米科学アカデミーの2017年の報告
http://nationalacademies.org/gene-editing/consensus-study/index.htm
・ミタリポフのヒト受精卵編集
https://www.nature.com/articles/nature23305
・上海技術大学のヒト受精卵編集
https://www.cell.com/molecular-therapy-family/molecular-therapy/fulltext/S1525-0016%2818%2930378-2
・クリック研究所のヒト受精卵編集
https://www.ncbi.nlm.nih.gov/pubmed/28953884
・リー・M・シルヴァー『複製されるヒト』（1998年）東江一紀、真喜志順子訳、渡会圭子、翔泳社
・山中伸弥監修、京都大学 iPS 細胞研究所上廣倫理研究部門編『科学知と人文知の接点』（2017年）弘文堂
・ダニエル・J・ケヴルズ『優生学の名のもとに』（1993年）西俣総平訳、朝日新聞社

▼第５章
・田中伸和「遺伝子ドライブ技術による病原体を媒介する蚊の制御」（2018年）「生物の科学 遺伝」72巻６号、エヌ・ティー・エス
・蚊の絶滅を目指す遺伝子ドライブ実験
https://www.nature.com/articles/nbt.3439
・ガンツとビアの遺伝子ドライブ実験
http://science.sciencemag.org/content/348/6233/442
http://www.sciencemag.org/news/2015/03/chain-reaction-spreads-gene-through-insects
・マラリア抵抗性のドライブ実験
https://www.pnas.org/content/112/49/E6736

・ＤＡＲＰＡの研究助成
https://www.darpa.mil/news-events/2017-07-19

▼第６章
・マンモスとゾウのゲノムの違い
https://www.cell.com/cell-reports/fulltext/S2211-1247%2815%2900639-7
・ネアンデルタールのゲノム
http://science.sciencemag.org/content/328/5979/710.full
https://www.nature.com/articles/nature12886

▼終章
・ロジャー ゴスデン『デザイナー・ベビー』（2002年）堤理華訳、原書房

図版作成
朝日メディアインターナショナル株式会社（図０−２、０−３、２−１、６−１、７−１）
藤本良平（図０−１、０−４、１−３ａ、ｂ、ｃ、ｄ、１−４、１−５、２−２、３−１、３−２、３−３、３−４、４−３、４−４、４−５、５−１、５−２）

ちくま新書
1387

ゲノム編集《へんしゅう》の光《ひかり》と闇《やみ》
――人類《じんるい》の未来《みらい》に何《なに》をもたらすか

二〇一九年二月一〇日　第一刷発行

著者　青野由利（あおの・ゆり）
発行者　喜入冬子
発行所　株式会社　筑摩書房
東京都台東区蔵前二―五―三　郵便番号一一一―八七五五
電話番号〇三―五六八七―二六〇一（代表）
装幀者　間村俊一
印刷・製本　三松堂印刷　株式会社

ISBN978-4-480-07202-3 C0245